普通高等教育"十三五"重点规划教材 计算机系列

新编大学计算机基础学习指导与上机实践

（Windows 7+Office 2010）

王 建 高 昱 刘 钢 主 编

李 舒 孙治军 刘德山 副主编

科学出版社

北 京

内 容 简 介

本书是《新编大学计算机基础（Windows 7+Office 2010）》（姚志鸿、张领、高昱主编，科学出版社）的配套教材。

全书分为学习指导和上机实践两部分。学习指导部分包括主教材各章的知识要点、例题精讲、习题及参考答案；上机实践部分包括计算机基本操作、Windows 7 操作系统、文字处理软件 Word 2010、电子表格软件 Excel 2010、演示文稿软件 PowerPoint 2010、计算机网络技术基础、多媒体技术基础、软件技术基础等内容。

本书可作为高等学校计算机基础课的实验指导教材，也可作为计算机初学者的自学参考书。

图书在版编目（CIP）数据

新编大学计算机基础学习指导与上机实践：Windows 7+Office 2010/王建，高昱，刘钢主编. 一北京：科学出版社，2018.6
（普通高等教育"十三五"重点规划教材·计算机系列）

ISBN 978-7-03-057526-5

Ⅰ. ①新… Ⅱ. ①王… ②高… ③刘… Ⅲ. ①Windows 操作系统-高等学校-教材②办公自动化-应用软件-高等学校-教材 Ⅳ. ①TP316.7②TP317.1

中国版本图书馆 CIP 数据核字（2018）第 110292 号

责任编辑：宋 丽 都 岚 / 责任校对：陶丽荣
责任印制：吕春珉 / 封面设计：东方人华平面设计部

科 学 出 版 社 出版
北京东黄城根北街 16 号
邮政编码：100717
http://www.sciencep.com

新科印刷有限公司 印刷
科学出版社发行 各地新华书店经销
*

2018 年 6 月第 一 版 开本：787×1092 1/16
2018 年 6 月第一次印刷 印张：13
字数：292 000
定价：35.00 元
（如有印装质量问题，我社负责调换〈新科〉）
销售部电话 010-62136230 编辑部电话 010-62135517-8030

前　言

信息科学和信息技术在现代社会中的地位和作用日益突出，掌握信息技术已经成为现代大学生的必备素质。计算机基础教育是信息技术的起点，是信息科学的入门教育。在计算机基础教育中，实验操作是教学的核心环节，只有通过有效的上机实践，才能使学生深入理解基本概念，掌握实际操作方法，切实提高计算机应用技能。

编者按照教育部高等学校计算机基础教学指导委员会提出的《大学计算机基础课程教学基本要求》编写了本书。本书内容体现了计算机基础应用领域的最新技术，强调实用性，目标是使学生掌握最新、最实用的计算机应用技能。

本书中设计了丰富的范例，并对范例的操作方法做了翔实的讲解，具有很好的指导性。本书在范例讲解的基础上，精心设计了实战练习环节，实战内容突出综合性和应用性，力求提高学生举一反三、自主解决问题的能力。为了满足不同层次学生学习的要求，本书还在基本应用的基础上对知识做了必要的加深和拓展。

本书由王建、高昱、刘钢担任主编，李舒、孙治军、刘德山担任副主编，由刘德山统稿、定稿。本书结构系统完整，内容极具实用性，讲解细致清晰。

由于编者水平有限，加之时间仓促，书中疏漏之处在所难免，恳请读者批评、指正。

编　者

2018 年 3 月

目　录

第1部分　学习指导

第2部分 上机实践

第 1 部分
学习指导

学习指导 1 计算机概述

1.1 知 识 要 点

1.1.1 内容概述

1）计算机也称为电子计算机，是一种能存储程序和数据、自动执行程序、快速而高效地完成各种数字化信息处理的电子设备。它能部分代替人的脑力劳动，通常机械可使人类的体力得以放大，计算机则使人类的智慧得以放大。

计算机具有处理速度快、计算精度高、存储容量大、可靠性高、工作过程全自动化、适用范围广及通用性强等特点。

2）计算机中的信息可分为三大类：数值信息、文本信息和多媒体信息。数值信息用来表示量的大小、正负。文本信息用来表示一些符号、标记。多媒体信息用来表示声音、图画、影视等。各种信息在计算机内部都是用二进制编码形式表示的。

3）基数是指一个计数制所包含的数字符号的个数，用 R 表示。例如，十进制的基数 R=10，二进制的基数 R=2，八进制的基数 R=8，十六进制的基数 R=16。

4）位值（位权）：任何一个 R 进制的数都是由一串数码表示的，其中每位数码所表示的实际值大小，除数码本身的数值外，还与它所处的位置有关，由位置决定的值称为位值（或位权），用基数 R 的 i 次幂（R^i）表示。

5）ASCII 码（American standard code for information interchange，美国信息交换标准代码）被国际标准化组织指定为国际标准。ASCII 码有 7 位码和 8 位码两种版本。国际通用的 7 位 ASCII 码是用 7 位二进制数表示一个字符的编码，其编码值为 0000000B～1111111B，共有 2^7=128 个不同的编码值，相应地，可以表示 128 个不同字符的编码。

6）信息是人们用于表示具有一定意义的符号的集合，这些符号可以是文字、数字、图形、图像、动画、声音和光等。

信息是人们对客观世界的描述，并可传递的一些知识，而数据（data）则是信息的具体表现形式，是指人们看到的和听到的事实，是各种各样的物理符号及其组合，它反映了信息的内容。数据经过加工、处理并赋予一定意义后即可成为信息。

7）信息技术（information technology，IT）是指与信息的产生、获取、处理、传输、控制和利用等有关的技术。这些技术包括计算机技术、通信技术、微电子技术、传感技术、网络技术、新型元器件技术、光电子技术、人工智能技术及多媒体技术等，计算机技术、通信技术及微电子技术是它的核心技术。

8）信息化是指信息技术和信息产业在国民经济和社会各个领域的发展中发挥着主

导的作用，并且作用日益增强，使经济运行效率、劳动生产率、企业核心竞争力和人民生活水平达到全面提高的过程。

信息化社会的主要特征是信息化、网络化、全球化和虚拟化。

1.1.2 重点难点

重点：计算机的相关概念、特点与分类，计算机中信息的表示方式，二进制、八进制、十进制、十六进制数制及其相互之间的转换。

难点：计算机中信息的表示方式和各种数制间的相互转换。

1.2 例题精讲

1. 世界上第一台电子计算机是在（　　）年诞生的。

　A. 1927　　　　　B. 1946　　　　　C. 1943　　　　　D. 1952

解析：真正具有现代意义的计算机于 1946 年在美国宾夕法尼亚大学诞生，由物理学家约翰·莫奇勒和电气工程师普雷斯波·埃克特领导的研制小组为精确测算炮弹的弹道特性而制成，名称为 ENIAC（electronic numerical integrator and calculator，电子数字积分计算机）。

本题答案：B。

2. 第四代计算机是由（　　）构成的。

　A. 大规模和超大规模集成电路　　　B. 中、小规模集成电路

　C. 晶体管　　　　　　　　　　　　D. 电子管

解析：第四代计算机使用的主要电子元器件是大规模和超大规模集成电路，内存储器采用半导体存储器，外存储器主要采用磁盘、光盘等大容量存储器。

本题答案：A。

3. 关于信息与数据关系的说法，正确的是（　　）。

　A. 数据就是信息　　　　　　　　　B. 数据是信息的载体

　C. 信息被加工后成为数据　　　　　D. 数据是对信息的解释

解析：信息是人们用于表示具有一定意义的符号的集合，这些符号可以是文字、数字、图形、图像、动画、声音和光等。信息是人们对客观世界的描述，并可传递的一些知识，而数据则是信息的具体表现形式，是指人们看到的和听到的事实，是各种各样的物理符号及其组合，它反映了信息的内容。数据经过加工、处理并赋予一定意义后即可成为信息。

在计算机领域中，数据是信息在计算机内部的表现形式。数据可以在物理介质上记录或传输，并通过外围设备被计算机接收，经过处理而得到结果。

本题答案：B。

4. 物质材料、能源和（　　　）是构成当今世界的三大要素。

　　A. 原油　　　　B. 信息　　　　C. 煤炭　　　　D. 水

解析：长期以来，人们把能源和物质材料看作是人类赖以生存的两大要素。现在，人们已经认识到信息、物质材料和能源是构成当今世界的三大要素。

本题答案：B。

5. 科学家（　　　）奠定了现代计算机的结构理论。

　　A. 诺贝尔　　　B. 爱因斯坦　　C. 冯·诺依曼　　D. 居里

解析：在 ENIAC 的研制过程中，由美籍匈牙利数学家冯·诺依曼总结并提出两点改进意见：一是计算机内部直接采用二进制数进行计算；二是将指令和数据都存储起来，由程序控制计算机自动执行，这对后来计算机的设计有决定性的影响，特别是确定计算机的结构、采用存储程序及二进制编码等，至今仍为电子计算机设计者所遵循。

本题答案：C。

6. 数字符号 0～9 是十进制的数码，全部数码的个数称为（　　　）。

　　A. 码数　　　　B. 基数　　　　C. 位权　　　　D. 符号数

解析：一个计数制所包含的数字符号的个数称为该数制的基数，用 R 表示。例如，十进制的基数 R=10，二进制的基数 R=2，八进制的基数 R=8，十六进制的基数 R=16。

　　任何一个 R 进制的数都是由一串数码表示的，其中每一位数码所表示的实际值大小，除数码本身的数值外，还与它所处的位置有关，由位置决定的值称为位值（或位权），用基数 R 的 i 次幂（R^i）表示。

本题答案：B。

7. 下列用不同进制表示的数值中，最小的是（　　　）。

　　A. 56H　　　　B. 87D　　　　C. 125O　　　　D. 10101101B

解析：56H 转换为十进制的结果是 86，125O 转换为十进制的结果是 85，10101101B 转换为十进制的结果是 173。

本题答案：C。

8. 计算机能够直接识别的进制数是（　　　）。

　　A. 二进制　　　　B. 八进制　　　　C. 十进制　　　　D. 十六进制

解析：计算机中所表示和使用的信息可分为三大类：数值信息、文本信息和多媒体信息。数值信息用来表示量的大小、正负。文本信息用来表示一些符号、标记。多媒体信息用来表示声音、图画、影视等。各种信息在计算机内部都是用二进制编码形式表示的。

本题答案：A。

9. 为了避免混淆，十六进制数在书写时常用的表示字母为（　　　）。

　　A. H　　　　B. O　　　　C. D　　　　D. B

解析：为了区分不同数制的数，人们习惯在一个数的后面加上字母 D（十进制）、B（二进制）、O（八进制）、H（十六进制）来表示其前面的数是什么进制。

本题答案：A。

10. 采用任何一种输入法输入汉字，存储到计算机内一律转换成汉字的（　　）。

   A. 拼音码　　　　　B. 五笔码　　　　　C. 外码　　　　　D. 内码

解析：汉字内码是计算机内部对汉字进行存储、处理的汉字代码，它应满足存储、处理和传输的要求。一个汉字输入计算机后就转换为内码，然后才能在机器内传输、处理。

本题答案：D。

11. 在计算机存储器中，保存一个汉字需要（　　）字节。

解析：汉字内码的形式多种多样。目前，对应于国标码一个汉字的内码使用 2 字节存储，并把每字节的最高二进制位置"1"作为汉字内码的标识，以免与单字节的 ASCII 码产生歧义。

本题答案：2。

12. 计算机的发展方向为（　　）、（　　）、（　　）、（　　）、（　　）。

解析：从类型上看，现在的电子计算机正在向巨型化、微型化、网络化、智能化和多媒体化这 5 个方向发展。

本题答案：巨型化、微型化、网络化、智能化、多媒体化。

13. 西文字符最常用的编码是（　　）。

解析：计算机中的信息都是用二进制编码表示的。用以表示文本信息的二进制编码称为字符编码。计算机中常用的字符编码有 EBCDIC（extended binary coded decimal interchange code，广义二进制编码的十进制交换码）和 ASCII 码。IBM 系列大型机采用 EBCDIC 码，微型机采用 ASCII 码。

本题答案：ASCII 码。

14. 在国家标准 GB 2312—1980《信息交换用汉字编码字符集 基本集》中，规定用（　　）字节的 16 位二进制数表示一个汉字。

解析：由于 1 字节只能表示 256 种编码，显然用 1 字节不可能表示汉字的国标码，所以一个国标码必须用 2 字节来表示，其中每字节的最高位均置 1，以区分 ASCII 码字符。

本题答案：2。

15. 将十进制数 218.5 转换成二进制数是（　　），转换成八进制数是（　　），转换成十六进制数是（　　）。

解析：将十进制数转换成非十进制数时，要将该数的整数部分和小数部分分别转换。其中，整数部分采用"除基数取余数"法，小数部分采用"乘基数取整数"法。最后将两部分拼接起来即可。

十进制数 218.5 转换成二进制数是 11011010.1B，转换成八进制数是 332.4O，转换成十六进制数是 DA.8H。

本题答案：11011010.1B、332.4O、DA.8H。

16. 什么是信息？信息化社会有什么特征？

解析：信息是人们用于表示具有一定意义的符号的集合，这些符号可以是文字、数字、图形、图像、动画、声音和光等。信息是人们对客观世界的描述，并可传递的一些知识，而数据则是信息的具体表现形式，是指人们看到的和听到的事实，是各种各样的物理符号及其组合，它反映了信息的内容。数据经过加工、处理并赋予一定意义后即可成为信息。

信息化社会应当具备如下特征：信息化、网络化、全球化、虚拟化。

17. 计算机的分类标准和具体分类方法是什么？

解析：计算机可以广泛应用于完成各种各样的任务。但某些类型的计算机比其他类型的计算机更适合完成某些特定的任务。计算机可根据其用途、价格、体积和性能等标准分成几种不同的类型。专家们未必在分类或每种类型所包含的设备问题上达成一致，但常用的计算机分类包括个人计算机（personal computer，PC）、工作站、服务器、大型机和超级计算机。

18. 如何将文字、声音、图形图像采集到计算机系统中？

解析：数值、西文字符、汉字的传统输入方法为键盘直接输入，随着科学技术的发展，现在也有语音输入、手写输入、扫描加模式识别等输入方式。

声音的采集可以通过传声器、录音机等设备采集。

图形图像信息的采集途径有软件制作、扫描仪扫描、数码照相机拍摄、数字化仪输入，以及从屏幕、动画、视频中捕捉等。

习　题

一、选择题

1. ASCII 码用 1 字节的低 7 位表示（　　）个不同的英文字符。

    A. 128　　　　　　B. 256　　　　　　C. 1024　　　　　　D. 无数

2. GB 2312—1980《信息交换用汉字编码字符集　基本集》规定：一个汉字用（　　）字节表示。

    A. 1　　　　　　B. 2　　　　　　C. 3　　　　　　D. 4

3. 按使用元器件划分计算机发展史，当前使用的微型计算机是（　　）。

    A. 集成电路　　　　　　　　　　　B. 晶体管

    C. 电子管　　　　　　　　　　　　D. 超大规模集成电路

4. 从第一台计算机诞生到现在，计算机的发展经历了（　　）个阶段。

    A. 3　　　　　　B. 4　　　　　　C. 5　　　　　　D. 6

5. 第二代电子计算机使用的电子元器件是（　　）。

    A. 电子管　　　　B. 晶体管　　　　C. 集成电路　　　　D. 超大规模集成电路

6. 第四代计算机采用大规模和超大规模（　　）作为主要电子元器件。

    A. 微处理器　　　B. 集成电路　　　C. 存储器　　　　D. 晶体管

7. ENIAC 诞生于（　　）年。

    A. 1927　　　　　　B. 1936　　　　　　C. 1946　　　　　　D. 1951

8. 计算机的发展阶段通常是按计算机所采用的（　　）来划分的。

　　A. 内存容量　　　　B. 电子元器件　　C. 程序设计语言 D. 操作系统

9. 第一台大型通用数字电子计算机是（　　）。

　　A. ENIAC　　　　　B. Z3　　　　　　C. IBM PC　　　　D. Pentium

10. 英国数学家巴贝奇 1822 年设计了一种程序控制的通用（　　）。

　　A. 加法器　　　　　B. 计算机　　　　C. 大型计算机　　D. 分析机

11. 在软件方面，第一代计算机主要使用（　　）。

　　A. 机器语言　　　　　　　　　　　　B. 高级程序设计语言

　　C. 数据库管理系统　　　　　　　　　D. Basic 和 Fortran

12. C 的 ASCII 码为 1000011，则 G 的 ASCII 码为（　　）。

　　A. 1000100　　　　B. 1001001　　　C. 1000111　　　D. 1001010

13. 二进制数 100110.101 转换为十进制数是（　　）。

　　A. 38.625　　　　　B. 46.5　　　　　C. 92.375　　　D. 216.125

14. 与十进制数 225 相等的二进制数是（　　）。

　　A. 11100001　　　B. 11111110　　　C. 10000000　　D. 11111111

15. 将二进制数 1001101 转换为十六进制数是（　　）。

　　A. 3C　　　　　　B. 4C　　　　　　C. 4D　　　　　D. 4F

16. 将二进制数 1011010 转换为十六进制数是（　　）。

　　A. 132　　　　　　B. 90　　　　　　C. 5A　　　　　D. A5

17. 与十进制数 215 对应的十六进制数是（　　）。

　　A. B7　　　　　　B. C7　　　　　　C. D7　　　　　D. DA

18. 将十六进制数 1000 转换为十进制数是（　　）。

　　A. 8192　　　　　B. 4096　　　　　C. 1024　　　　D. 2048

19. 使用最多、最普通的是（　　）码，即美国信息交换标准代码。

　　A. BCD　　　　　　B. 输入码　　　　C. 校验码　　　D. ASCII

20. 下列 4 个不同进制数中，最大的一个是（　　）。

　　A. 十进制数 45　　　　　　　　　　B. 十六进制数 2E

　　C. 二进制数 110001　　　　　　　　D. 八进制数 57

21. 下列 4 个不同数制中，最小的数是（　　）。

　　A. 213　　　　　　B. 1111111B　　C. D5H　　　　D. 416O

22. 下面的数值中，（　　）可能是八进制数。

　　A. 190　　　　　　B. 203　　　　　C. 395　　　　D. ACE

23. 下面的数值中，（　　）可能是二进制数。

　　A. 1011　　　　　　B. DDF　　　　C. 84EK　　　　D. 125M

24. 下面的数值中，（　　）肯定是十六进制数。

　　A. 1011　　　　　　B. DDF　　　　C. 84EK　　　　D. 125M

25. 下面换算正确的是（　　）。

　　A. 1KB=512B　　　　　　　　　　B. 1MB=512KB

  C．1MB=1 024 000B   D．1MB=1 024KB

26．1 字节等于（   ）。

  A．2 个二进制位   B．4 个二进制位

  C．8 个二进制位   D．16 个二进制位

27．有一个数值 152，它与十六进制数 6A 相等，那么该数值是（   ）。

  A．二进制数   B．八进制数   C．十进制数   D．四进制数

28．与二进制数 101.01011 等值的十六进制数是（   ）。

  A．A.B   B．5.51   C．A.51   D．5.58

29．与十六进制数 AB 等值的十进制数是（   ）。

  A．175   B．176   C．177   D．171

30．在微型机汉字系统中，一个汉字的机内码的字节数为（   ）。

  A．1   B．2   C．4   D．8

二、填空题

  1．采用大规模或超大规模集成电路的计算机属于第（   ）代计算机。

  2．到目前为止，电子计算机的基本结构基于存储程序思想，这个思想最早是由（   ）提出的。

  3．PC 属于（   ）。

  4．世界上第一台电子计算机于（   ）年诞生。

  5．世界上第一台电子数字计算机是（   ）。

  6．8 位无符号二进制数能表示的最大十进制数是（   ）。

  7．标准 ASCII 码使用（   ）位二进制数进行编码。

  8．存储 120 个 64×64 点阵的汉字，需要占存储空间（   ）。

  9．将二进制数 10001110110 转换成八进制数是（   ）。

  10．如果将一本 273 万字的现代汉语词典存入硬盘，大约需要的存储空间为（   ）。

  11．将十进制数 110.125 转换为十六进制数是（   ）H。

  12．数值数据在计算机中有（   ）和浮点两种表示形式。

  13．数字符号"1"的 ASCII 码的十进制表示为"49"，数字符号"9"的 ASCII 码的十进制表示为（   ）。

  14．同十进制数 100 等值的十六进制数是（   ），八进制数是（   ），二进制数是（   ）。

  15．无符号二进制整数 10101101 等于十进制数（   ），等于十六进制数（   ），等于八进制数（   ）。

  16．现有 1 000 个汉字，每个汉字用 24×24 点阵存储，至少要有（   ）KB 的存储容量。

  17．1 字节包含（   ）个二进制位。

  18．已知大写字母"D"的 ASCII 码为 68，那么小写字母"d"的 ASCII 码为（   ）。

19. 在计算机系统中，对有符号的数字通常采用原码、反码和（　　）表示。
20. 计算机中存储数据的最小单位是（　　）。

参 考 答 案

一、选择题

1. A　　2. B　　3. D　　4. B　　5. B　　6. B　　7. C　　8. B　　9. A
10. D　11. A　12. C　13. A　14. A　15. C　16. C　17. C　18. B
19. D　20. C　21. B　22. B　23. A　24. B　25. D　26. C　27. B
28. D　29. D　30. B

二、填空题

1. 四　　　　2. 冯·诺依曼　　　　3. 微型计算机　　　　4. 1946
5. ENIAC　6. 255　　　　　　　7. 7　　　　　　　　8. 60KB
9. 2166　　10. 5.76MB　　　　 11. 6E.2　　　　　　12. 定点
13. 57　　　14. 64，144，1100100　15. 173，AD，255　16. 72
17. 8　　　 18. 100　　　　　　 19. 补码　　　　　　20. 位

学习指导 2　计算机系统

2.1　知 识 要 点

2.1.1　内容概述

1）计算机系统主要由硬件系统和软件系统两大部分组成。

硬件是指能看得见、摸得着的实际物理设备，它们是计算机工作的物质基础。计算机的硬件系统一般由运算器、控制器、存储器、输入设备和输出设备 5 大部分组成。

软件是指各类程序和数据，计算机软件包括计算机本身运行所需要的系统软件和完成用户任务所需要的应用软件。

2）运算器是对数据进行加工处理的部件，它在控制器的控制下与内存交换数据，负责算术运算、逻辑运算和其他操作。在运算器中含有用于暂时存放数据或结果的寄存器。

运算器由算术逻辑单元（arithmetic logic unit，ALU）、累加器、状态寄存器和通用寄存器等组成。ALU 是用于完成加、减、乘、除等算术运算，与、或、非等逻辑运算及移位、求补等操作的部件。

3）控制器是整个计算机系统的指挥中心，负责对指令进行分析，并根据指令的要求，有序、有目的地向各个部件发出控制信号，使计算机的各个部件协调一致地工作。

在计算机中，运算器和控制器被集成在一个硅片上，采用一定的封装形式后就是目前所见到的 CPU（central processing unit，中央处理器）。

4）存储器是计算机的记忆装置，主要用来保存数据和程序，所以存储器应该具备存数和取数的功能。

存数是指往存储器里"写入"数据，取数是指从存储器里"读取"数据。读写操作统称为对存储器的访问。

5）输入设备用来接收用户输入的原始数据和程序，并将它们转换为计算机能够识别的形式存放在内存中。常见的输入设备有键盘、鼠标和扫描仪等。

6）输出设备用于将存放在内存中并经计算机处理的结果输出。常见的输出设备有显示器、打印机和绘图仪等。

7）指令是指能被计算机识别并执行的二进制代码，它规定了计算机能完成的某种操作。一台计算机的所有指令的集合，称为该计算机的指令系统。

8）微型计算机从概念结构上来说都是由微处理器、存储器、输入/输出（input/output，I/O）接口，以及连接它们的总线组成的。

9）总线由一组导线和相关控制电路组成，是各种公共信号线的集合，用于微型计算机系统各部件之间的信息传递。

通常将用于主机系统内部信息传递的总线称为内部总线，将连接主机和外部设备之间的总线称为外部总线。

从传送信息的类型上看，这两类总线都包括用于传送数据的数据总线（data bus，DB）、用于传送地址信息的地址总线（address bus，AB）和用于传送控制信息的控制总线（control bus，CB）。

10）内存按工作方式不同，可分为随机存储器（random access memory，RAM）和只读存储器（read only memory，ROM）两类。

RAM 也称为读写存储器。RAM 中存储当前使用的程序、数据、中间结果和与外存交换的数据，CPU 根据需要可以直接读/写 RAM 中的内容。RAM 有两个主要特点：一是其中的信息可以随时读出或写入，当写入时，原来存储的数据将被代替；二是加电使用时信息完整无缺，而一旦断电（关机或意外掉电），RAM 中存储的数据就会丢失，而且无法恢复。由于 RAM 的这一特点，也称其为临时存储器。

ROM 中的信息只能被 CPU 随机读取，不能由 CPU 任意写入，也就是只能进行读出操作而不能进行写入操作。ROM 中的信息是在制造时由生产厂家或用户用专门的设备一次写入固化的。ROM 常用来存放固定不变、重复执行的程序，如存放汉字库、各种专用设备的控制程序、监控程序和基本 I/O 程序，还可用来存放各种常用数据、表格等。ROM 中存储的内容是永久性的，即使关机或意外掉电也不会消失。随着半导体技术的发展，已经出现了多种形式的 ROM，如可编程只读存储器（programmable ROM，PROM）、可擦除可编程只读存储器（erasable programmable ROM，EPROM），以及掩膜型只读存储器（mask ROM，MROM）等。它们需要特殊的手段才能改变其中的内容。

11）字长是 CPU 一次能同时处理二进制数据的位数。字长的大小直接反映计算机的数据处理能力，字长越长，CPU 可同时处理的数据二进制位数就越多，计算机的运算精度就越高，数据处理能力就越强。

12）计算机的运算速度（平均运算速度）是指计算机每秒所能执行的指令条数，一般用百万条指令每秒（million instructions per second，MIPS）来表示。

2.1.2 重点难点

重点：计算机系统的概念、计算机的工作原理、微型计算机系统的组成及性能指标。
难点：对计算机工作原理的理解。

2.2 例 题 精 讲

1. 计算机的 CPU 每执行一条（　　），就完成一步基本运算或判断。
　　A. 语句　　　　　B. 指令　　　　　C. 程序　　　　　D. 软件
解析：指令是能被计算机识别并执行的二进制代码，它规定了计算机能完成的某种操作，什么时候执行哪一条指令由 CPU 中的控制单元决定。

本题答案：B。

2. 微型计算机的 CPU 是（　　　）。

    A. 控制器和内存　　　　　　　　B. 运算器、控制器和寄存器组

    C. 运算器和内存　　　　　　　　D. 控制器和寄存器

解析：CPU 是微型计算机的核心芯片，是整个系统的运算和指挥控制中心。它为计算机系统完成 3 项主要任务：在处理器与存储器或 I/O 之间传送数据，进行简单的算术运算和逻辑运算，通过简单的判定控制程序的流向。CPU 内部主要包括控制器、运算器和寄存器组。

本题答案：B。

3. 在计算机中，指令主要存放在（　　　）中。

    A. CPU　　　　　　B. 内存　　　　　　C. 键盘　　　　　　D. 磁盘

解析：指令是能被计算机识别并执行的二进制代码，它规定了计算机能完成的某种操作。指令的数量与类型由 CPU 决定。系统内存用于存放程序和数据，程序由一系列的指令组成，这些指令在内存中是有序存放的，指令号表明了它的执行顺序。什么时候执行哪一条指令由 CPU 中的控制单元决定。数据是用户需要处理的信息，它包括用户的具体数据和这个数据在内存系统中的地址。

本题答案：B。

4. 只读光盘的简称是（　　　）。

    A. MO　　　　　　B. WORD　　　　　　C. WO　　　　　　D. CD-ROM

解析：只读光盘（compact disk read only memory, CD-ROM）与 ROM 类似，即光盘中的数据是由生产厂家预先写入的，用户只能读取而无法修改其中的数据。

本题答案：D。

5. 光驱的倍速越大，（　　　）。

    A. 数据传输越快　　　　　　　　B. 纠错能力越强

    C. 播放 VCD 的效果越好　　　　　D. 所能读取光盘的容量越大

解析：CD-ROM 数据传输率指的是驱动器每秒能够读取多少千字节的数据量。例如，单速的 CD-ROM 驱动器 1s 只能读取 150KB 的数据量，而倍速 CD-ROM 驱动器 1s 可以读取 300KB 的数据量。

本题答案：A。

6. 计算机软件一般包括系统软件和（　　　）。

    A. 应用软件　　　　B. 字处理软件　　　C. 管理软件　　　D. 科学计算软件

解析：软件是用于指挥计算机工作的程序与程序运行时所需要的数据，以及与这些程序和数据有关的说明文档资料。软件分为系统软件和应用软件两大类。

本题答案：A。

7. 存储空间为 2KB 表示的字节数为（　　　）。

    A. 2 000　　　　　　B. 2 048　　　　　　C. 1 024　　　　　　D. 1 000

解析：存储器可容纳的二进制信息量称为存储容量。目前，度量存储容量的基本单位是字节。此外，常用的存储容量单位还有 KB（千字节）、MB（兆字节）、GB（吉字节）和 TB（万亿字节）。它们之间的关系如下：1B=8b、1KB=1 024B、1MB=1 024KB、1GB=1 024MB、1TB=1 024GB。

本题答案：B。

8．ROM 区别于 RAM 的特点是（　　）。

　　A．存取速度快　　　　　　　　　　B．断电后信息仍然保留

　　C．存储容量大　　　　　　　　　　D．用户可以随时读写

解析：RAM 也称为读写存储器。RAM 中存储当前使用的程序、数据、中间结果和与外存交换的数据，CPU 根据需要可以直接读/写 RAM 中的内容。RAM 有两个主要特点：一是其中的信息随时可以读出或写入，当写入时，原来存储的数据将被代替；二是加电使用时，其中的信息完整无缺，而一旦断电（关机或意外掉电），RAM 中存储的数据就会丢失，而且无法恢复。由于 RAM 的这一特点，所以也称其为临时存储器。

ROM 中的信息只能被 CPU 随机读取，不能由 CPU 任意写入，也就是只能进行读出操作而不能进行写入操作。ROM 中的信息是在制造时由生产厂家或用户用专门的设备一次写入固化的。ROM 常用来存放固定不变、重复执行的程序，如存放汉字库、各种专用设备的控制程序、监控程序和基本 I/O 程序，还可用来存放各种常用数据、表格等。ROM 中存储的内容是永久性的，即使关机或意外掉电也不会消失。

本题答案：B。

9．基于冯·诺依曼的"程序存储"设计思想而设计的计算机硬件系统包括（　　）。

　　A．主机、输入设备、输出设备

　　B．控制器、运算器、存储器、输入设备、输出设备

　　C．主机、存储器、显示器

　　D．键盘、显示器、打印机、运算器

解析：著名美籍匈牙利数学家冯·诺依曼与美国宾夕法尼亚大学莫尔电气工程学院的莫奇勒小组合作，在他们研制的 ENIAC 的基础上提出了一个全新的存储通用电子计算机的方案，即 EDVAC 计算机方案。在该方案中，冯·诺依曼总结并提出了如下思想。

①　计算机应包括运算器、控制器、存储器、输入设备及输出设备等基本部件。

②　计算机内部采用二进制来表示指令和数据。每条指令一般具有一个操作码和一个地址码。其中，操作码表示运算性质，地址码指出操作数在存储器中的地址。

③　将编写好的程序送入内存，然后启动计算机工作，计算机不需要操作人员干预，能自动逐条读取指令和执行指令。

冯·诺依曼设计思想的最重要之处在于明确地提出了"程序存储"的概念，其全部设计思想实际上是对"程序存储"概念的具体化。

本题答案：B。

10. 有关微型计算机系统总线描述正确的是（　　）。

    A. 地址总线是单向的，数据总线和控制总线是双向的

    B. 控制总线是单向的，数据总线和地址总线是双向的

    C. 控制总线和地址总线是单向的，数据总线是双向的

    D. 三者都是双向的

解析：总线由一组导线和相关控制电路组成，是各种公共信号线的集合，用于微型计算机系统各部件之间的信息传递。通常，将用于主机系统内部信息传递的总线称为内部总线，将连接主机和外部设备之间的总线称为外部总线。从传送信息的类型上看，这两类总线都包括用于传送数据的数据总线、用于传送地址信息的地址总线和用于传送控制信息的控制总线。

① 数据总线用来传输数据信息，是双向总线，CPU 既可以通过数据总线从内存或输入设备输入数据，也可以通过数据总线将内部数据送至内存或输出设备。数据总线的宽度决定了数据的传送速度。

② 地址总线用于传送 CPU 发出的地址信息，是单向总线。传送地址信息的目的是指明与 CPU 交换信息的内存单元或 I/O 设备单元。地址总线的宽度决定了存储器容量，即 CPU 可以直接寻址的内存单元的范围，如果地址总线是 20 位，则可寻址的内存空间为 2^{20}B。

③ 控制总线用来传送控制信号、时序信号、状态信息等。其中，有的总线是 CPU 向内存和外部设备发出的信息，有的则是内存或外部设备向 CPU 发出的信息。可见，控制总线中每根线的方向是一定的、单向的，但控制总线作为一个整体是双向的，所以在各种结构图中凡涉及控制总线，均以双向线表示。

本题答案：A。

11. 常见的打印机类型有（　　）、（　　）、（　　）。

解析：打印机是计算机中常用的设备，也是品种、型号较多的输出设备之一。目前，使用较多的是点阵打印机、激光打印机和喷墨打印机。

本题答案：点阵打印机、激光打印机、喷墨打印机。

12. 人们针对某一需要而为计算机编制的指令序列称为（　　）。

解析：指令是能被计算机识别并执行的二进制代码，它规定了计算机能完成的某种操作。指令的数量与类型由 CPU 决定。系统内存用于存放程序和数据，程序由一系列指令组成，计算机程序是指令的有序序列。

本题答案：程序。

13. （　　）是指专门为某一应用目的而编写的软件。

解析：软件分为系统软件和应用软件两大类。

应用软件也可以分为两类：一类是针对某个应用领域的具体问题而开发的程序，它具有很强的实用性、专业性，这些软件可以由计算机专业公司开发，也可以由企业人员自行开发；另一类是一些大型专业软件公司开发的通用应用软件，这些软件功能非常强大，适用性非常好，应用也非常广泛。

本题答案：应用软件。

14．存储器分为内存和（　　　）。

解析：存储器通常分为两大类：一类是主存储器（主存），也称内存储器（内存）；另一类是辅助存储器，也称外存储器（外存）。

本题答案：外存。

15．在计算机系统中，指挥、协调计算机工作的设备是（　　　）。

解析：控制器是整个计算机系统的指挥中心，负责对指令进行分析，并根据指令的要求，有序、有目的地向各个部件发出控制信号，使计算机的各个部件协调一致地工作。在计算机中，运算器和控制器被集成在一个硅片上，采用一定的封装形式后就是目前所见到的 CPU。

本题答案：控制器。

16．内存和外存有哪些相同点和不同点？

解析：内存的存储速度较快，容量小，直接与 CPU 相连接，是计算机中主要的工作存储器，当前运行的程序与数据存放在内存中，属于临时存储器。

外存的存取速度较慢，但容量很大，不能被 CPU 直接访问，计算机执行程序和加工处理数据时，外存中的信息先送入内存后才能使用，即计算机通过外存与内存不断交换数据的方式使用外存中的信息，其属于永久性存储器。常见的外存设备有硬盘、光盘等。

17．计算机的主要性能指标有哪些？

解析：计算机的性能涉及体系结构、软硬件配置、指令系统等多种因素。一般来说，主要有下列技术指标：字长、运算速度、时钟频率（主频）、存储容量、外部设备配置、软件配置、系统的兼容性、系统的可靠性和可维护性、性能价格比。

18．简述计算机硬件系统和软件系统之间的关系。

解析：计算机系统主要由硬件系统和软件系统两大部分组成。硬件是指看得见、摸得着的实际物理设备，如通常所看到的计算机，总会有一些机柜或机箱，里边是各式各样的电子元器件，还有键盘、鼠标、显示器和打印机等，这些都是硬件，它们是计算机工作的物质基础。软件是指各类程序和数据，计算机软件包括计算机本身运行所需要的系统软件和完成用户任务所需要的应用软件。

软件是用于指挥计算机工作的程序与程序运行时所需要的数据，以及与这些程序和数据有关的说明文档资料。软件分为系统软件和应用软件两大类。软件系统是计算机上可运行的全部程序的总和。只有通过软件系统的支持，计算机硬件系统才能向用户呈现出强大的功能和友好的使用界面。

19．简述"程序存储"原理的内容。

解析：同题 9．解析。

20．简述计算机系统的组成。

解析:

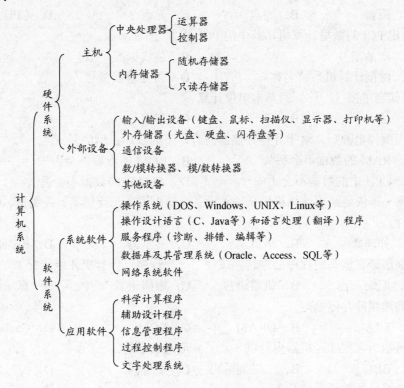

习 题

一、选择题

1. CPU 包括（ ）。
   A. 控制器、运算器和内存储器 B. 控制器和运算器
   C. 内存储器和控制器 D. 内存储器和运算器

2. CPU 的主要功能是进行（ ）。
   A. 算术运算 B. 逻辑运算
   C. 算术、逻辑运算 D. 算术、逻辑运算与全机的控制

3. CPU 性能的高低，往往决定了一台计算机（ ）的高低。
   A. 功能 B. 质量 C. 兼容性 D. 性能

4. ROM 是指（ ）。
   A. 存储器规范 B. 随机存储器 C. 只读存储器 D. 存储器内存

5. 下列各项中，不是输出设备的是（ ）。
   A. 显示器 B. 绘图仪 C. 打印机 D. 扫描仪

6. 下列各项中，不是输入设备的是（ ）。
   A. 键盘 B. 绘图仪 C. 鼠标 D. 扫描仪

7．下列各项中，不是计算机存储设备的是（　　）。
    A．磁盘　　　　　　B．硬盘　　　　　　C．光盘　　　　　　D．CPU

8．采用 PCI 的微型计算机，其中的 PCI 是（　　）。
    A．产品型号　　　　　　　　　　　　B．总线标准
    C．微型计算机系统名称　　　　　　　D．微处理器型号

9．存储容量按（　　）为基本单位计算。
    A．位　　　　　　　B．字节　　　　　　C．字符　　　　　　D．数

10．当关掉电源后，对半导体存储器而言，下列叙述正确的是（　　）。
    A．RAM 的数据不会丢失　　　　　　B．ROM 的数据不会丢失
    C．CPU 中的数据不会丢失　　　　　　D．ALU 中的数据不会丢失

11．冯·诺依曼结构计算机包括输入设备、输出设备、存储器、控制器、（　　）5
大组成部件。
    A．处理器　　　　　B．运算器　　　　　C．显示器　　　　　D．模拟器

12．高级语言编写的程序必须转换成（　　）程序，计算机才能执行。
    A．汇编语言　　　　B．机器语言　　　　C．中级语言　　　　D．算法语言

13．高速缓冲存储器是（　　）。
    A．SRAM　　　　　B．DRAM　　　　　C．ROM　　　　　　D．Cache

14．机器语言程序在机器内是以（　　）形式表示的。
    A．BDC　　　　　　B．二进制编码　　　C．字母码　　　　　D．符号码

15．计算机的软件系统分为（　　）。
    A．程序和数据　　　　　　　　　　　B．工具软件和测试软件
    C．系统软件和应用软件　　　　　　　D．系统软件和测试软件

16．4 字节应由（　　）个二进制位表示。
    A．16　　　　　　　B．32　　　　　　　C．48　　　　　　　D．64

17．计算机系统是由（　　）组成的。
    A．主机及外部设备　　　　　　　　　B．主机、键盘、显示器和打印机
    C．系统软件和应用软件　　　　　　　D．硬件系统和软件系统

18．计算机硬件中，没有（　　）。
    A．控制器　　　　　B．存储器　　　　　C．输入/输出设备　　D．文件夹

19．计算机中既可作为输入设备，又可作为输出设备的是（　　）。
    A．打印机　　　　　B．显示器　　　　　C．鼠标　　　　　　D．磁盘

20．计算机中运算器的作用是（　　）。
    A．控制数据的输入/输出　　　　　　　B．控制主存与辅存之间的数据交换
    C．完成各种算术运算和逻辑运算　　　D．协调和指挥整个计算机系统的操作

21．计算机中的核心部件是（　　）。
    A．CPU　　　　　　B．DRAM　　　　　C．CD-ROM　　　　D．CRT

22．内存的大部分由 RAM 组成，其中存储的数据在断电后（　　）丢失。
    A．不会　　　　　　B．部分　　　　　　C．完全　　　　　　D．不一定

23. 能够直接与 CPU 进行数据交换的存储器称为（   ）。

    A．外存   B．内存   C．缓存   D．闪存

24. 能描述计算机运算速度的是（   ）。

    A．二进制位   B．MIPS   C．MHz   D．MB

25. 能直接让计算机识别的语言是（   ）。

    A．C 语言   B．Basic 语言   C．汇编语言   D．机器语言

26. 扫描仪属于（   ）。

    A．CPU   B．存储器   C．输入设备   D．输出设备

27. 输入设备是（   ）。

    A．从磁盘上读取信息的电子电路   B．磁盘文件等

    C．键盘、鼠标和打印机等   D．从计算机外部获取信息的设备

28. 下列不能用于存储容量单位的是（   ）。

    A．B   B．MIPS   C．KB   D．GB

29. 下列不属于微型计算机总线的是（   ）。

    A．地址总线   B．通信总线   C．控制总线   D．数据总线

30. 下列软件中不是系统软件的是（   ）。

    A．DOS   B．Windows XP   C．C 语言   D．UNIX

31. 下面对计算机硬件系统组成的描述，不正确的一项是（   ）。

    A．构成计算机硬件系统的都是一些看得见、摸得着的物理设备

    B．计算机硬件系统由运算器、控制器、存储器、输入设备和输出设备组成

    C．硬盘属于计算机硬件系统中的存储设备

    D．操作系统属于计算机的硬件系统

32. 显示器必须与（   ）配合使用。

    A．显卡   B．打印机   C．声卡   D．光驱

33. 一条指令通常由（   ）和操作数两部分组成。

    A．程序   B．操作码   C．机器码   D．二进制数

34. 以下属于高级语言的有（   ）。

    A．汇编语言   B．C 语言   C．机器语言   D．A、B 和 C

35. 在计算机中，1KB 等于（   ）。

    A．1 000B   B．1 024B

    C．1 000 个二进制位   D．1 024 个二进制位

36. 指令的数量与类型由（   ）决定。

    A．CPU   B．DRAM   C．SRAM   D．BIOS

二、填空题

1. （   ）是专门为某一应用目的而编制的软件。

2. （   ）语言的书写方式接近于人们的思维习惯，使程序更易于阅读和理解。

3. CGA、EGA、VGA 标志着（   ）的不同规格和性能。

4．CPU 的中文含义是（　　）。

5．PC 在工作中，若突然断电，则（　　）中的数据不丢失。

6．ROM 的中文名称是（　　），RAM 的中文名称是（　　）。

7．在计算机系统中，1MB=（　　）KB。

8．在微型计算机中，1KB 表示的二进制位数是（　　）。

9．计算机硬件系统的核心是（　　），它是由运算器和（　　）两部分组成的。

10．计算机的运算器是对数据进行（　　）和逻辑运算的部件。

11．计算机向使用者传递计算、处理结果的设备称为（　　）。

12．计算机指令由（　　）和地址码构成。

13．计算机中常用的英文单词"byte"，其中文意思是（　　）。

14．计算机中系统软件的核心是（　　），它主要用来控制和管理计算机的所有软硬件资源。

15．计算机总线是连接计算机中各部件的公共信号线，由（　　）总线、数据总线及控制总线组成。

16．键盘是一种（　　）设备。

17．可以将数据转换成为计算机内部形式并输送到计算机中的设备统称为（　　）。

18．一张新磁盘在存入文件前，一般要经过（　　）操作。

19．鼠标是一种（　　）设备。

20．在微型计算机中，用来存储信息的最基本单位是（　　）。

21．显示器是一种（　　）设备。

22．计算机能直接识别用（　　）编制的程序。

23．用任何计算机高级语言编写的程序（未经过编译）习惯上称为（　　）。

24．在大多数的主板型号中，启动时按（　　）键可以进入 CMOS 设置。

25．在高速缓冲存储器、内存、磁盘设备中，读取数据最快的设备为（　　）。

26．在微型计算机组成中，最基本的输入设备是（　　），输出设备是（　　）。

27．KB、MB 和 GB 都是存储容量的单位，1GB=（　　）KB。

参 考 答 案

一、选择题

1．B　　2．D　　3．D　　4．C　　5．D　　6．B　　7．D　　8．B　　9．B

10．B　　11．B　　12．B　　13．D　　14．B　　15．C　　16．B　　17．D　　18．D

19．D　　20．C　　21．A　　22．C　　23．B　　24．D　　25．D　　26．C　　27．D

28．B　　29．B　　30．C　　31．D　　32．A　　33．B　　34．B　　35．B　　36．A

二、填空题

1．应用软件　　　2．高级　　　　3．显卡　　　　4．中央处理器
5．ROM　　　　　6．只读存储器，随机存储器　　　7．1 024
8．8×1 024　　　9．中央处理器，控制器　　　10．算术运算
11．输出设备　　12．操作码　　13．字节　　　14．操作系统
15．地址　　　　16．输入　　　17．输入设备　18．格式化
19．输入　　　　20．字节　　　21．输出　　　22．机器语言
23．源程序　　　24．Delete　　25．高速缓冲存储器
26．键盘，显示器　　　　　　　27．1 024×1 024

学习指导 3 操作系统基础

3.1 知 识 要 点

3.1.1 内容概述

1）操作系统（operating system，OS）是一组系统程序，它是直接作用于计算机硬件上的第一层软件，用于管理和控制计算机硬件和软件资源。只有在操作系统的支持下，计算机才能运行其他软件。

操作系统具有处理机管理、存储器管理、设备管理、文件管理和用户接口 5 大功能。

操作系统按功能可分为批处理系统、分时操作系统、实时操作系统和网络操作系统；按支持的用户数可分为单用户操作系统和多用户操作系统；按是否运行多任务可分为单任务操作系统和多任务操作系统。

典型的操作系统有 Windows 操作系统、UNIX 操作系统、Linux 操作系统和手持设备操作系统。

2）图形用户界面技术的特点体现在多窗口技术、菜单技术和联机帮助技术上。

3）文件是存储在计算机上的一组相关信息的集合，可以是程序、数据或其他信息。

每个文件都有一个文件名，文件名是为了区别不同的文件给存放在磁盘上文件的一个标志。文件名由驱动器号、文件名和扩展名 3 部分组成，其格式为[D:]filename[.ext]。文件名（包括扩展名）中可用的字符为 A~Z、0~9、!、@、#、$、%、&等，不能使用以下字符：\、/、?、:、*、"、>、<、|。扩展名由 3 个或 4 个字符组成，表示文件所属的类型。

同一个文件夹中的文件、文件夹不能同名。

4）文件属性包括两部分内容：一是文件所包含的数据，称为文件数据；二是关于文件本身的说明信息或属性信息，称为文件属性。

文件属性主要包括创建日期、文件长度及访问权限等，这些信息主要被文件系统用来管理文件。不同文件系统通常有不同种类和数量的文件属性。

5）资源管理器是 Windows 文件管理的核心，通过资源管理器可以非常方便地完成对文件、文件夹和磁盘的各种操作，还可以作为启动平台去启动其他应用程序。

6）库在 Windows 7 中作为访问用户数据的首要入口，是用户指定的特定内容的集合，与文件夹管理方式是相互独立的。分散在硬盘上不同物理位置的数据可以逻辑地集合在一起，查看和使用都很方便。

库用于管理文档、音乐、图片和其他类型文件的位置，可以使用与在文件夹中相同的操作方式浏览文件，也可以查看按属性（如日期、类型和作者）排列的文件。

库类似于文件夹，但与文件夹不同的是，库可以收集存储在多个位置中的文件，这是一个细微但重要的差异。

库实际上不存储项目，它监视包含项目的文件夹，并允许使用者以不同的方式访问和排列这些项目。

7）控制面板是用来对 Windows 操作系统进行设置的工具集，用户可以根据个人爱好更改显示器、鼠标及桌面等硬件设置。

8）剪贴板是内存中的一个临时存储区，不仅可以存储文字，还可以存储图像、声音等其他信息。通过剪贴板可以将各种文件的文字、图像、声音粘贴在一起形成一个图文并茂、有声有色的文档。

3.1.2 重点难点

重点：操作系统、文件、资源管理器和库等的概念，Windows 7 中文件的管理与操作及控制面板的使用。

难点：对操作系统、文件及库等概念的理解。

3.2 例 题 精 讲

1. 操作系统属于（　　）。

　　A. 应用软件　　　　B. 系统软件　　　C. 数据库软件　　D. 界面系统

解析：操作系统是一组系统程序，它是直接作用于计算机硬件上的第一层软件，用于管理和控制计算机硬件和软件资源。只有在操作系统的支持下，计算机才能运行其他软件。从用户的角度看，操作系统加上计算机硬件系统形成了完整的计算机系统，是对计算机硬件功能的扩充。

本题答案：B。

2. 对话框允许用户（　　）。

　　A. 最大化　　　　　B. 最小化　　　　C. 移动位置　　　D. 改变大小

解析：对话框是系统和用户之间通信的窗口，供用户从中阅读提示、选择选项、输入信息等。对话框的顶部有对话框标题（标题栏）和"关闭"按钮，但没有"最大化"按钮和"最小化"按钮，所以对话框的大小通常不能改变，但可以移动（利用鼠标左键拖动标题栏即可），也可以关闭。

本题答案：C。

3. Windows 是一个（　　）操作系统。

　　A. 单任务　　　　　B. 多任务　　　　C. 实时　　　　　　D. 重复任务

解析：在 Windows 操作系统中，用户可以同时运行多个程序，模拟人们日常工作中同时做几件事的情景。用户可以同时打开几个窗口以运行多个应用程序，并可实现它们之间的快速切换。

本题答案：B。

4. 用鼠标拖动的方法复制一个对象时，可以按住（　　）键，再用鼠标左键拖动。

　　A. Ctrl　　　　　　B. Alt　　　　　　C. Shift　　　　　D. Home

解析：确保能看到待复制的文件或文件夹，并能看到目标盘和文件夹图标，选定要复制的文件或文件夹，在按住 Ctrl 键的同时，用鼠标左键拖动选中的文件或文件夹至目标盘和文件夹图标上（如果在两个不同的盘之间进行复制，则可以直接用鼠标拖动进行复制，而不必按住 Ctrl 键），然后释放鼠标左键和 Ctrl 键，完成复制操作。

本题答案：A。

5. 在 Windows 中，文件夹是指（　　）。

  A．文档   B．程序   C．磁盘   D．目录

解析：无论是操作系统的文件，还是用户自己生成的文件，其数量和种类都是非常多的。为了便于对文件进行存取和管理，系统引入了文件夹，它实际上相当于 DOS 中目录的概念。

本题答案：D。

6. 在画图程序中，选择椭圆工具后，按住（　　）键拖动鼠标，可以绘制标准圆。

  A．Ctrl   B．Alt   C．Shift   D．Space

解析：在画图功能区选择"主页"选项卡，单击"椭圆形"按钮，在画布中拖动鼠标即可绘制椭圆，如果按住 Shift 键的同时拖动鼠标，则可以绘制出正圆形。

本题答案：C。

7. 在桌面上要移动任何 Windows 窗口时，可以用鼠标左键拖动窗口的（　　）。

  A．滚动条 B．边框   C．菜单控制项 D．标题栏

解析：Windows 窗口的移动有两种方法：一是用鼠标左键拖动窗口的标题栏，窗口将随之移动，当到达需要的位置时释放鼠标左键；二是右击标题栏，在弹出的快捷菜单中选择"移动"选项，当鼠标指针变为✥时，可使用键盘上的光标键移动窗口的位置，然后按 Enter 键结束移动。

本题答案：D。

8. 在对话框中，复选框是指在所列的选项中（　　）。

  A．仅选一项   B．可以选择多项

  C．必须选一项   D．至少选一项

解析：复选框中是一些具有开关状态的设置项，可选择其中的一个或多个，也可以一个也不选，框内出现对钩标记"✓"时为选中。

本题答案：B。

9. 当 Windows 应用程序被最小化后，表示该程序（　　）。

  A．停止运行 B．后台运行 C．不能打开 D．不能关闭

解析：在 Windows 操作系统中，用户可以同时运行多个程序，模拟人们日常工作中同时做几件事的情景。用户可以同时打开几个窗口以运行多个应用程序，并可实现它们之间的快速切换。当应用程序被最小化后，表示该程序在后台运行。

本题答案：B。

10. 要将整个屏幕内容存入剪贴板，应该使用（　　）。

解析：要把整个屏幕内容复制到剪贴板，按 PrintScreen 键即可；要把当前的活动窗口复制到剪贴板，按 Alt+PrintScreen 组合键即可。

本题答案：PrintScreen 键。

11. 新磁盘进行格式化时，一定要选择（　　）格式化。

解析：磁盘在首次使用之前，一般要经过格式化，通过格式化为磁盘划分磁道、扇区，建立目录区，并检查磁盘中有无损坏的磁道、扇区。当磁盘感染病毒，用杀毒软件无法杀毒时，可以使用格式化操作，将磁盘上的所有信息全部清除。新磁盘进行格式化时，一定要选择完全格式化。

本题答案：完全。

12. 在桌面上创建快捷图标后，只要（　　）图标，就可以运行该程序。

解析：快捷方式是指向某个程序的"连接"，只记录了程序的位置及运行时的一些参数。使用快捷方式可以迅速访问程序，而不必打开多个文件夹窗口去查找。大家在桌面上见到的一些图标其实就是这些程序的快捷方式，Windows 允许用户在桌面上创建指向该对象的快捷方式。

若在桌面上放置了应用程序的快捷图标，则双击桌面上的相应快捷图标，就可以快速启动应用程序。

本题答案：双击。

13. 选定对象并按 Ctrl+X 组合键后，所选定的对象保存在（　　）中。

解析：剪贴板是内存中的一个临时存储区，不仅可以存储文字，还可以存储图像、声音等其他信息。通过剪贴板可以将各种文件的文字、图像、声音粘贴在一起形成一个图文并茂、有声有色的文档。剪贴板的使用步骤是先将信息复制或剪切到剪贴板上，然后在目标文档中将光标定位到需要插入信息的位置，再选择应用程序"编辑"菜单中的"粘贴"选项，将剪贴板中的信息传递到目标文档中。剪切命令的快捷方式是按 Ctrl+X 组合键。

本题答案：剪贴板。

14. 运行应用程序有哪些方法？

解析：在 Windows 7 中，启动应用程序有多种方法，下面介绍几种常用的方法。

① 通过"开始"菜单启动应用程序。

② 通过资源管理器或"计算机"窗口启动应用程序。在资源管理器或"计算机"窗口中找到需启动的应用程序的执行文件，然后双击即可。

③ 单击"开始"按钮，在"开始"菜单中选择"所有程序"选项，在"附件"菜单中选择"运行"选项，弹出"运行"对话框，在"打开"文本框中输入要打开程序的完整路径和文件名。

④ 利用桌面快捷图标。若在桌面上放置了应用程序的快捷图标，则双击桌面上的相应快捷图标，即可快速启动应用程序。

15. 怎样在多个应用程序之间切换？

解析：任务栏是位于屏幕底部的水平长条，显示了系统正在运行的程序、打开的窗口、当前时间等，用户可以通过任务栏完成许多操作，还可以对它进行一系列的设置。任务栏的中间部分显示已打开的程序和文件，并可以在它们之间进行快速切换。

16. 什么是快捷方式？怎样给应用程序建立快捷方式？

解析：快捷方式是指向某个程序的"连接"，只记录了程序的位置及运行时的一些参数。使用快捷方式可以迅速访问程序，而不必打开多个文件夹窗口去查找。桌面上的一些图标其实就是这些程序的快捷方式，Windows 允许用户在桌面上创建指向该对象的快捷方式。在桌面上创建快捷图标的方法有多种，常用的方法有以下几种。

方法一：

① 右击桌面空白处，在弹出的快捷菜单中选择"新建"菜单中的"快捷方式"选项，弹出"创建快捷方式"对话框。

② 在"请键入对象的位置"文本框中输入盘符、路径、文件名。也可以单击"浏览"按钮，在弹出的"浏览文件或文件夹"对话框中依次选择盘符、路径、文件名，确认后单击"下一步"按钮。

③ 在"键入该快捷方式的名称"文本框中输入快捷方式的名称（也可以使用默认名称），单击"完成"按钮。

方法二：

在"计算机"或资源管理器窗口中找到文件并右击，在弹出的快捷菜单中选择"创建快捷方式"选项，则新的快捷方式将出现在原文件所在的位置上，将新的快捷方式拖动到所需的位置即可。

方法三：

在"计算机"或资源管理器窗口中找到文件并右击，在弹出的快捷菜单中选择"发送到"菜单中的"桌面快捷方式"选项即可。

17. 为什么要对磁盘进行格式化？

解析：同题 11. 解析。

18. 什么是显示器的分辨率？

解析：显示器分辨率指的是显示器上文本和图像的清晰度。分辨率越高，显示器上显示的对象越清楚，同时显示器上的对象显得越小，因此显示器可以容纳更多内容；分辨率越低，显示器上的对象越大，显示器容纳的对象越少，但更易于查看。在非常低的分辨率情况下，图像可能有锯齿状边缘。

习　题

一、选择题

1. 在 Windows 7 环境下，整个显示屏幕称为（　　）。
   A. 窗口　　　　　B. 桌面　　　　　C. 对话框　　　　D. 资源管理器
2. 为了正常退出 Windows 7，用户的操作是（　　）。
   A. 在任何时刻关掉计算机的电源
   B. 单击"开始"菜单中的"关闭计算机"按钮，并进行人机对话
   C. 在没有运行任何应用程序的情况下关掉计算机的电源
   D. 在没有运行任何应用程序的情况下按 Ctrl+Alt+Delete 组合键

3. 当机器出现死机时，应该最先考虑使用的操作方法是（　　）。

　　A. 关掉电源，重新开机　　　　　　B. 按 Reset 键

　　C. 按 Enter 键　　　　　　　　　　D. 按 Ctrl+Alt+Delete 组合键

4. 当一个窗口最大化后，下列叙述中错误的是（　　）。

　　A. 该窗口可以被关闭　　　　　　　B. 该窗口可以移动

　　C. 该窗口可以最小化　　　　　　　D. 该窗口可以还原

5. 将运行中的应用程序窗口最小化后，应用程序（　　）。

　　A. 还在继续运行　　B. 停止运行　　　C. 被删除　　　　D. 出错

6. 下列关于应用程序的叙述中，错误的是（　　）。

　　A. 每一个应用窗口都有自己的文档窗口

　　B. 有的应用程序窗口中包含文档窗口

　　C. 有的应用程序窗口可含有多个文档窗口

　　D. 应用程序窗口关闭后，其对应的程序结束运行

7. 对话框外形和窗口差不多，（　　）。

　　A. 也有菜单栏　　　　　　　　　　B. 也有标题栏

　　C. 也有最大化、最小化按钮　　　　D. 也允许用户改变其大小

8. 以下对话框元素中，只有（　　）中能输入文本。

　　A. 文本框　　　　B. 单选按钮　　　C. 复选框　　　D. 列表框

9. 下列文件名中，合法的文件名是（　　）。

　　A. Myhtml.html　　B. A\B\C　　　C. Text*.txt　　　D. A/S.doc

10. 文件类型是根据（　　）来识别的。

　　A. 文件的存放位置　　　　　　　　B. 文件的大小

　　C. 文件的用途　　　　　　　　　　D. 文件的扩展名

11. 下列关于文件结构的叙述中，错误的是（　　）。

　　A. 每个子文件夹都有一个父文件夹

　　B. 每个子文件夹都可以包含若干子文件夹和文件

　　C. 每个子文件夹都有唯一的名称

　　D. 文件夹不能重名

12. 在资源管理器的左窗格中，单击某个文件夹图标左边的加号（+）后，窗口中显示内容的变化是（　　）。

　　A. 左窗格显示的该文件夹的下级文件夹消失

　　B. 该文件夹的下级文件夹显示在右窗口

　　C. 该文件夹的下级文件夹显示在左窗口

　　D. 右窗格显示的该文件夹的下级文件夹消失

13. 用鼠标指针选定几个位置连续的文件的方法是（　　）。

　　A. 单击第一个文件名后，按住 Ctrl 键的同时单击最后一个文件名

　　B. 单击第一个文件名后，按住 Shift 键的同时单击最后一个文件名

　　C. 单击第一个文件名，再单击最后一个文件名

D．按住 Shift 键的同时，用鼠标指针从第一个文件名开始拖动到最后一个文件名

14．要使文件不被修改和删除，可以把文件设置为（　　）属性。

   A．只读　　　　　　B．隐藏　　　　　　C．存档　　　　　　D．系统

15．下列关于快捷方式的说法中，正确的是（　　）。

   A．对象的快捷方式只能在桌面上创建

   B．双击指定对象的快捷图标，就能打开它所链接的对象

   C．在桌面上创建应用程序的快捷方式，就是把该程序文件从原位置移动到桌面上

   D．删除桌面上的应用程序快捷方式时，则删除该文件

16．在 Windows 7 中，如果进行了多次剪切或复制操作，则剪贴板中的内容是（　　）。

   A．第一次剪切或复制的内容　　　　　B．最后一次剪切或复制的内容

   C．所有剪切或复制的内容　　　　　　D．什么内容也没有

17．"回收站"是（　　）的一块区域。

   A．内存中　　　　　B．缓存中　　　　　C．硬盘上　　　　　D．CPU 中

18．在 Windows 7 的"回收站"中存放的是（　　）。

   A．只能是硬盘上被删除的文件或文件夹

   B．只能是缓存中被删除的文件或文件夹

   C．可以是硬盘上被删除的文件或文件夹

   D．可以是所有外存中被删除的文件或文件夹

19．剪贴板是（　　）的一块区域。

   A．内存中　　　　　B．引导区中　　　　C．硬盘上　　　　　D．CPU 中

20．在"计算机"和资源管理器窗口中，假设已选定某个文件，下列操作能更改该文件名的是（　　）。

   A．选择"文件"菜单中的"重命名"选项，在输入新文件名后按 Enter 键

   B．单击该文件图标的图形部分，然后输入新文件名后按 Enter 键

   C．右击该文件图标，在弹出的快捷菜单中选择"重命名"选项，输入新文件名后单击"确定"按钮

   D．直接输入新文件名后单击"确定"按钮

21．下列关于闪存盘操作的叙述中，正确的是（　　）。

   A．一个闪存盘进行格式化时，磁盘上原来存储的信息不受影响

   B．闪存盘格式化后，可以在任何微型机上使用

   C．当闪存盘处于写保护状态时，不能改变磁盘中文件的名称或删除其中文件

   D．保存闪存盘上的信息必须经过硬盘才能被计算机处理

22．下列叙述中，正确的是（　　）。

   A．Windows 7 中多任务是指一个应用程序可以完成多项任务

   B．应用程序在其运行期间，独占内存直至退出

   C．用户要想使用一个应用程序，首先要启动它

   D．在同一个文件夹中允许同时存在同名的两个文件

23. 在下列文件中，（　　）是应用程序文件。

    A. Wordhelp.doc   B. Notepad.exe

    C. Windows.txt   D. Setup.bmp

24. Windows 7 属于（　　）。

    A. 网络操作系统   B. 多任务操作系统

    C. 分时操作系统   D. 实时操作系统

25. 选定多个连续文件或文件夹的操作为，先单击第一项，然后（　　）单击最后一项。

    A. 按住 Alt 键   B. 按住 Ctrl 键

    C. 按住 Shift 键   D. 按住 Delete 键

26. 即插即用的含义是指（　　）。

    A. 不需要 BIOS 支持即可使用的硬件

    B. Windows 操作系统所能使用的硬件

    C. 安装在计算机上不需要配置任何驱动程序就可使用的硬件

    D. 硬件安装在计算机上后，系统会自动识别并完成驱动程序的安装和配置

27. 当 Windows 正在运行某个应用程序时，若鼠标指针变为"沙漏"状，则表明（　　）。

    A. 当前执行的程序出错，必须中止其执行

    B. 当前必须等待该应用程序运行完毕

    C. 提示用户注意某个事项，并不影响计算机继续工作

    D. 等待用户做出选择，以便继续工作

28. 关于 Windows 直接删除文件而不进入回收站的操作中，正确的是（　　）。

    A. 选定文件后，按 Shift+Delete 组合键

    B. 选定文件后，按 Ctrl+Delete 组合键

    C. 选定文件后，按 Delete 键

    D. 选定文件后，先按 Shift 键，再按 Delete 键

29. 在 Windows 中，各应用程序之间的信息交换通过（　　）完成。

    A. 记事本   B. 剪贴板   C. 画图   D. 写字板

30. 在搜索文件或文件夹时，若用户输入 "*.*"，则将搜索（　　）。

    A. 所有含有*的文件   B. 所有扩展名中含有*的文件

    C. 所有文件   D. 以上都不正确

31. 以下被称为文本文件或 ASCII 文件的是（　　）。

    A. 以.exe 为扩展名的文件   B. 以.txt 为扩展名的文件

    C. 以.com 为扩展名的文件   D. 以.doc 为扩展名的文件

32. 下列有关 Windows 菜单选项的说法，不正确的是（　　）。

    A. 带省略号…，选择选项后会弹出一个对话框，要求用户输入信息

    B. 前有符号 V，表示该选项有效

    C. 灰色显示，表示菜单选项此时不可用

    D. 带省略号…，当鼠标指针指向它时会打开一个子菜单

二、填空题

1．Windows 7 的基本元素包括桌面、图标、窗口、菜单、对话框 5 种，当任务栏被隐藏时，用户可以按（　　）键来打开"开始"菜单。

2．Windows 7 中大致有"开始"菜单、窗口菜单、控制菜单和（　　）4 种菜单。

3．应用程序窗口中工具栏中的每一个按钮都代表一个（　　）。

4．文件名一般由主文件名和扩展名两部分构成，但（　　）是必选部分。

5．在资源管理器窗口中，若已单击第一个文件，在按住（　　）键的同时单击第 4 个和第 5 个文件，则有 3 个文件被选定。

6．在资源管理器窗口中，双击扩展名为.txt 的文档，将启动（　　）程序。

7．若已选定所有文件，如果要取消其中几个文件的选定，则应在按住（　　）键的同时，依次单击各个要取消选定的文件。

8．在 Windows 7 中，用鼠标左键将一个文件夹拖动到同一个磁盘的另一个文件夹中，系统执行的是（　　）。

9．在 Windows 7 中，拖动鼠标执行（　　）操作时，鼠标指针的右下方带有"+"号。

10．如果在资源管理器窗口的底部没有状态栏，则添加状态栏的操作是，选择"查看"菜单中的（　　）选项。

11．Windows 7 支持的文件系统有 FAT、FAT32 和（　　）。

12．扩展名为.exe、.com 等代表的文件类型是（　　）。

13．剪贴板文件的扩展名为（　　）。

14．要查找所有第一个字母为 A 且扩展名为.wav 的文件，则应输入（　　）。

15．使用 Windows 7 时，当用户按（　　）键时，系统弹出"Windows 任务管理器"对话框。

参 考 答 案

一、选择题

1．B	2．B	3．D	4．B	5．A	6．A	7．B	8．A	9．A
10．D	11．D	12．C	13．B	14．A	15．B	16．B	17．C	18．A
19．A	20．A	21．C	22．C	23．B	24．B	25．C	26．D	27．B
28．A	29．B	30．C	31．B	32．D				

二、填空题

1．Ctrl+Esc	2．快捷菜单	3．命令	4．主文件名	5．Ctrl
6．记事本	7．Ctrl	8．移动	9．复制	10．状态栏
11．NTFS	12．应用程序	13．.clp	14．A*.wav	15．Ctrl+Alt+Delete

学习指导 4 常用办公软件

4.1 知 识 要 点

4.1.1 内容概述

1）Office 2010 组件包括 Word、Excel、PowerPoint、Outlook、Publisher、OneNote、Access 内容。以前版本中的 FrontPage 被 Microsoft SharePoint Workspace 取代。Office 2010 可在 32 位和 64 位操作系统中运行。

2）Office 2010 的新特性表现在以下几方面。

① 与以前版本比较，性能获得了较大的提升；界面与 Windows 7 的 Aero 特效有了完美融合。功能区菜单中的按钮取消了边框，使界面整体清爽、简洁。

② 保护视图可以防止来自 Internet 和其他可能不安全位置的文件中包含的病毒、蠕虫和其他种类的恶意软件，避免它们对计算机构成危害。

③ "文件"按钮功能增强，自定义功能区更加人性化，保存功能有重大改进，并且提供屏幕截图功能。

3）Word 2010 是图文编辑工具，用于创建和编辑具有专业外观的文档。Word 2010 的新特性表现在以下几方面。

① Word 2010 的导航窗格进一步完善，使之具有了标题样式判断、即时搜索的功能。

② 在 Word 2010 中内嵌了强大的图片处理功能——背景移除工具。

③ 翻译功能在 Word 2010 中也得到了加强，不仅加入了全文在线翻译的功能，还添加了屏幕取词助手。

④ 使用"共享"功能轻松实现云存储与协同办公。Word 2010 支持新兴网络服务及协同办公，通过"共享"功能，即可满足多种用户需求。

⑤ Word 2010 中还添加了一项非常具有中国元素的功能——书法字帖。选择"文件"菜单"新建"子菜单中的"书法字帖"模板，即可轻松创建属于自己的书法字帖。

4）Excel 2010 是用于数据处理的一组功能强大的电子表格处理工具，Excel 2010 的新特性表现在以下两方面。

① 函数功能上充分考虑了兼容性问题，增加了数学公式编辑的功能。

② 增加了更多的条件格式。

5）PowerPoint 2010 是功能强大的演示文稿制作工具，使用 Smart 图形功能和格式设置工具，可以快速创建和编辑用于幻灯片播放、会议和网页的演示文稿。PowerPoint 2010 的新特性表现在以下几方面。

① 除了 PowerPoint 2010 内置的几十款主题之外，还可以直接下载网络主题。不仅能够极大地扩充幻灯片的美化范围，还能在操作上变得更加便捷。

② "广播幻灯片"是 PowerPoint 2010 中新增加的一项功能。该功能允许其他用户通过 Internet 同步观看主机的幻灯片播放，类似于电子教室中经常使用的视频广播等应用。

③ "切换"选项卡与"动画"选项卡分开。

④ 提供丰富的音频、视频编辑功能和文档压缩功能。

4.1.2 重点难点

重点：从 Office 2003、Office 2007 到 Office 2010 基础知识的迁移。

难点：对 Office 2010 新增功能的理解和应用。

4.2 例 题 精 讲

1. 在 Word 2010 中，如果要插入"积分""矩阵"等复杂的数学公式，应通过（"　　"）选项卡进行。

　　A．开始　　　　　　B．引用　　　　　　C．插入　　　　　　D．审阅

解析：Word 2010 中有专门的数学公式编辑工具，在"插入"选项卡中单击"文本"选项组中的"对象"按钮，在弹出"对象"对话框中的"对象类型"列表框中选择"Microsoft 公式 3.0"选项后单击"确定"按钮，即可打开公式编辑工具栏，在公式框中编辑复杂的公式。

本题答案：C。

2. 在 Word 编辑状态下，若当前文档窗口被拆分成两个，则被拆分后的文档（　　）。

　　A．仍然是一个文档，但关闭两个文档窗口的操作需要依次进行

　　B．将变成两个内容相同的文档

　　C．仍然是一个文档，而且关闭其中一个文档窗口会使另一个文档窗口自动关闭

　　D．将变成两个内容不同的文档

解析：在编辑状态下，可以将当前文档窗口拆分为两个窗口，拆分后的两个窗口显示的仍是同一个文档，在任意一个窗口所做的操作都会应用于整个文档。

本题答案：C。

3. 在 Excel 中，当公式中出现被零除的现象时，产生的错误值是（　　）。

　　A．#N/A!　　　　　B．#DIV/0!　　　　C．#NUM!　　　　D．#VALUE!

解析：如果公式不能正确计算出结果，Microsoft Excel 将显示一个错误值，如产生 #N/A!或#VALUE!等。错误地引用了公式的内容或算术运算引用了非数值的单元格时，一般提示#VALUE!；除数为 0 时显示#DIV/0!。

本题答案：B。

4. 在 Excel 的工作表中，单元格 B2 有公式"=A\$1+\$B1"，将该单元格内容复制到单元格 C3 中，单元格 C3 的内容是（　　）。

　　A．=A1+B1　　　　B．=A2+B2　　　　C．=B\$2+\$C2　　　D．=B\$1+\$B2

解析：相对引用、绝对引用和混合引用是指在公式中使用单元格或单元格区域的地址，当公式复制到其他位置时，地址是如何变化的。随着公式的位置变化，所引用的单

元格位置也在变化的是相对引用，如单元格名称 A1 是相对引用；而随着公式位置的变化所引用单元格位置不变化的是绝对引用，如单元格名称A1 是绝对引用；行号和列号中有一个固定不变的则为混合引用，如单元格名称 A$1 或$A1 是混合引用。该题中，用"$"符号标示的行号或列号在公式中固定不变，未被标示的行号或列号随着单元格相对位置的变动而变动，所以 D 正确。

本题答案：D。

5. 在 Excel 中，下面的区域表示中正确的是（　　）。

　　A．A2:D4　　　　　B．A2? D4　　　　C．A2=D4　　　　D．A2! D4

解析：在表示单元格区域时，可以使用逗号或冒号分隔。例如，A2:D4 表示从左上角 A2 到右下角 D4 的区域，共 12 个单元格；如果写作 A2,D4，则也是合法的单元格区域表示方法，共表示两个单元格。

本题答案：A。

6. 在 Excel 的"设置单元格格式"对话框中，设定数字的小数位数为 2。如果在单元格中输入 34，则实际结果为（　　）。

　　A．34　　　　　　B．3 400　　　　　C．0.34　　　　　D．34.00

解析：设置数字的小数位数为 2，并不能改变用户输入的值。A 答案与设置小数位数为 2 不符，B 和 C 答案改变了实际的输入值。

本题答案：D。

7. Excel 单元格中的内容显示为####，原因是（　　）。

　　A．数字输入错误

　　B．输入的数字长度超过单元格的当前列宽

　　C．以科学计数形式表示该数字时，长度超过单元格的当前列宽

　　D．数字输入不符合单元格当前格式设置

解析：当输入的数值数据超出单元格长度时，数据在单元格中会以"####"的形式出现，此时只要人工调整单元格的列宽，就能看到完整的数值。对任何单元格中的数值，无论 Excel 如何显示，单元格都是按该数值的实际输入值存储的。当单元格被选定后，其中的数值即按输入时的形式显示在数据编辑栏中。

本题答案：B。

8. Word 2010 如何清除对文本格式的设置？

解析：在 Word 2010 中取消文本格式，应先选中需要清除格式的文本，然后单击"开始"选项卡"字体"选项组中的"清除格式"按钮即可。

9. Excel 中的"公式"是什么？公式中可否引用其他工作簿中的单元格？

解析：在 Excel 中，公式是指由等号开头的，由数值、运算符、单元格名或函数等元素构成的式子。公式可以进行数学运算、统计运算、条件判断等。公式中不仅可以引用同一工作表中的其他单元格，还可以引用同一工作簿不同工作表中的单元格，也可以引用其他工作簿的工作表中的单元格。

设当前工作簿为 Book1，当前工作表为 Sheet1，当前单元格为 C1，引用 Sheet2 工作表中 G14 单元格的格式为 Sheet2!G14，引用另一工作簿 Book2 中 Sheet2 工作表中的

G14 单元格的格式为[Book2]Sheet2!G14。

10．在什么情况下需要使用 Excel 提供的冻结窗格功能？

解析：冻结窗格功能可以使用户在查看滚动工作表时，始终保持某些区域的数据是可见的。例如，希望在屏幕上始终保持显示表格的行标题或列标题时，就可以使用 Excel 提供的窗格冻结功能，其操作方法如下。

① 要保持显示表格的顶部列标题：可选定列标题的下一行，再单击"视图"选项卡"窗口"选项组中的"冻结窗格"按钮。

② 要保持显示表格的左侧行标题：可选定行标题的右侧一列，再单击"视图"选项卡"窗口"选项组中的"冻结窗格"按钮。

③ 要同时保持混示表格的顶部列标题和左侧行标题：可选定行、列标题交叉处右下方的单元格，再单击"视图"选项卡"窗口"选项组中的"冻结窗格"按钮。

11．在 Word 文档的排版中，使用"样式"有何优越性？

解析：Word 中的样式是字符格式（包括字体、字号大小、间距、颜色等）和段落格式（包括对齐方式、缩进方式、行距等）的总体格式信息的集合。

样式的使用提供了一种简便、快捷的文档编排手段，还能确保格式编排的一致性。

12．如何将一个大的演示文稿文件安装到另一台无 PowerPoint 软件的计算机上？

解析：选择"文件"选项卡中的"保存并发送"选项，再选择"将演示文稿打包成 CD"选项，将当前演示文稿打包即可。

习　题

一、选择题

1．PowerPoint 2010 演示文稿文件的默认扩展名是（　　　）。

　　A．.potx　　　　　B．.xls　　　　　C．.pptx　　　　　D．.docx

2．当选定文档中的一段文字进行有效的分栏操作后，必须在（　　　）视图才能看到分栏的结果。

　　A．普通　　　　　B．页面　　　　　C．大纲　　　　　D．Web 版式

3．在 Word 2010 "插入"选项卡中的"插图"选项组中不可插入的选项是（"　　　"）。

　　A．公式　　　　　B．剪贴画　　　　C．图表　　　　　D．SmartArt 图

4．Office 2010 组件的"文件"选项卡中都有"保存"选项和"另存为"选项。以下说法中，正确的是（　　　）。

　　A．当文档首次存盘时，只能使用"保存"选项

　　B．当文档首次存盘时，只能使用"另存为"选项

　　C．当文档首次存盘时，无论使用"保存"选项还是"另存为"选项，都会弹出 "另存为"对话框

　　D．当文档首次存盘时，无论使用"保存"选项还是"另存为"选项，都会弹出 "保存"对话框

5. 在 PowerPoint 2010 中，为了在每张幻灯片上显示一张相同的图片，最方便的方法是通过（　　　）来实现。

    A．在幻灯片母版中插入图片　　　　　　B．在幻灯片中插入图片

    C．在模板中插入图片　　　　　　　　　D．在版式中插入图片

6. 在文本编辑状态，执行"复制"命令后（　　　）。

    A．将被选定的内容复制到光标处

    B．将剪贴板的内容复制到光标处

    C．将被选定的内容复制到剪贴板

    D．将被选定内容的格式复制到剪贴板

7. 在 Word 默认情况下，当输入错误的英文单词时，下面说法中正确的是（　　　）。

    A．系统自动将错误单词添加到"自动更正"库中

    B．错误单词下有绿色下画波浪线

    C．在单词下有红色下画波浪线，并加入"自动更正"库中

    D．部分单词可以实现自动更正

8. 在当前演示文稿中要新增一张幻灯片的操作是（　　　）。

    A．选择"文件"选项卡中的"新建"选项

    B．单击"开始"选项卡"剪贴板"选项组中的"复制"按钮和"粘贴"按钮

    C．单击"插入"选项卡中的"新建幻灯片"按钮

    D．单击"开始"选项卡"幻灯片"选项组中的"新建幻灯片"按钮

9. 文档编辑排版结束，要想预览其打印效果，应选择 Word 中的（　　　）功能。

    A．打印预览　　　　B．模拟打印　　　　C．屏幕打印　　　　D．打印

10. 在 PowerPoint 2010 中，可以通过（　　　）选项卡中的按钮来设置幻灯片间的切换效果。

    A．动画　　　　　　B．切换　　　　　　C．插入　　　　　　D．视图

11. 在 Excel 2010 中，若某单元格中的公式为"=IF("教授">"助教",TRUE,FALSE)"，其计算结果为（　　　）。

    A．TRUE　　　　　　B．FALSE　　　　　　C．教授　　　　　　D．助教

12. 在 Excel 2010 中，如果将单元格 B3 中的公式"=C3+$D5"复制到同一工作表的单元格 D7 中，该单元格公式为（　　　）。

    A．=C3+$D5　　　B．=D7+$E9　　　C．=E7+$D9　　　D．=E7+$D5

13. 在 Excel 2010 中，如果某单元格输入="计算机文化"&"Excel"，则结果为（　　　）。

    A．计算机文化&Excel　　　　　　　　B．"计算机文化"&"Excel"

    C．计算机文化 Excel　　　　　　　　D．以上都不对

14. 在 PowerPoint 2010 提供的视图中，正确的是（　　　）。

    A．普通视图、Web 视图、阅读视图　　B．普通视图、幻灯片浏览、阅读视图

    C．普通视图、插入视图、幻灯片浏览　D．幻灯片浏览、幻灯片放映、Web 视图

15. 要在当前工作表（Sheet1）的单元格 A2 中引用另一个工作表（如 Sheet4）中单元格 A2～A7 的和，则在当前工作表的单元格 A2 输入的表达式应为（　　　）。

A．=SUM(Sheet4!A2:A7) B．=SUM(Sheet4!A2:Sheet4!A7)

C．=SUM((Sheet4)A2:A7) D．=SUM((Sheet4)A2:(Sheet4)A7)

16．当前工作表中有一个学生情况数据表（包含学号、姓名、专业 3 门课程成绩等字段），如查询各专业的每门课的平均成绩，则以下最合适的方法是（　　　）。

A．数据透视表 B．筛选 C．排序 D．建立图表

17．设置幻灯片放映时间的操作是（　　　）。

A．单击"幻灯片放映"选项卡中的"预设动画"按钮

B．单击"幻灯片放映"选项卡中的"动作设置"按钮

C．单击"幻灯片放映"选项卡中的"排练计时"按钮

D．单击"插入"选项卡中的"日期和时间"按钮

18．在 PowerPoint 2010 中新建演示文稿，下列建立方式中不正确的是（　　　）。

A．通过 Office.com 模板快速建立 B．通过各种主题建立

C．建立空白演示文档 D．通过来自文件的内容建立

19．在 Excel 中，"排序"对话框中提供了指定 3 个关键字及排序方式，其中（　　　）。

A．3 个关键字都必须指定 B．3 个关键字都不必指定

C．主要关键字必须指定 D．主、次关键字必须指定

20．在幻灯片放映中，下面表述正确的是（　　　）。

A．幻灯片的放映必须从头到尾全部放映

B．循环放映是对某张幻灯片循环放映

C．幻灯片放映必须要有大屏幕投影仪

D．在幻灯片放映前可以根据使用者的要求选择放映方式，主要有 3 种放映方式

二、填空题

1．为 Word 2010 文档插入尾注，需要在（　　　）选项卡中实现。

2．在 Word 2010 中，进入"Microsoft 公式 3.0"编辑器，需要在（　　　）选项卡中实现。

3．在 PowerPoint 2010 中，要停止正在放映的幻灯片，只要按（　　　）键即可。

4．在 Excel 2010 中，对数据表进行分类汇总以前，必须先对作为分类依据的字段进行（　　　）操作。

5．函数 AVERAGE(A1:A3)相当于用户输入（　　　）公式。

6．要选中不连续的多个区域，需按住（　　　）键配合鼠标操作。

7．列出 PowerPoint 2010 中提供的 4 种视图：（　　　）、（　　　）、（　　　）和（　　　）。

8．在 PowerPoint 2010 中设置超链接有（　　　）、（　　　）两种方式。

参 考 答 案

一、选择题

1．C 2．B 3．A 4．C 5．A 6．C 7．D 8．D 9．A

10. B　　11. B　　12. C　　13. C　　14. B　　15. A　　16. A　　17. C　　18. D

19. C　　20. D

二、填空题

1. 引用　　2. 插入　　3. Esc　　4. 排序　　5. =(A1+A2+A3)/3

6. Ctrl　　7. 普通视图，幻灯片浏览，阅读视图，备注页

8. 插入超链接，动作设置

学习指导5 计算机网络基础

5.1 知 识 要 点

5.1.1 内容概述

1）计算机网络是利用通信设备和线路将地理位置不同、功能独立的多个计算机系统互连起来，按照网络协议进行数据通信，实现网络中资源共享和信息传递的系统。其功能主要表现在数据通信、资源共享、提高可靠性与可用性、易于进行分布式处理4个方面。

2）计算机网络系统的组成：计算机网络系统一般包括计算机系统、通信线路及通信设备、网络协议和网络软件4个部分。

3）计算机网络的分类有许多方法，根据网络的覆盖范围和网络的拓扑结构分类是常用的分类方法。

按网络覆盖范围的不同，计算机网络可分为局域网、广域网和城域网3类。

网络拓扑结构是指网络结点和链路所构成的网络几何图形。按网络拓扑结构的不同，计算机网络可以分为星形网、环形网、总线型网、树形网、网形网和混合型网。

4）计算机网络协议是网络中用于规定信息的格式，以及如何发送和接收信息的一套规则、标准或约定。协议的组成包括3个要素：语义、语法和时序。

5）国际标准化组织提出的开放系统互连（open system interconnection，OSI）参考模型是计算机网络协议的国际标准。它将计算机网络体系结构的通信协议规定为7层，从高层到低层依次是应用层、表示层、会话层、传输层、网络层、数据链路层和物理层。

6）TCP/IP（transmission control protocol/internet protocol，传输控制协议/互联协议）是一种网络互连通信协议，网络中的各种异构网或主机通过TCP/IP可以实现相互通信。TCP/IP将不同的通信功能集成到不同的网络层次，形成了一个具有4个层次的体系结构，这4个层次从高层到低层依次是应用层、传输层、网际层和网络接口层，也称为TCP/IP参考模型。

7）传输介质可分为有线传输介质和无线传输介质。有线传输介质主要包括双绞线、同轴电缆和光纤，无线传输介质主要包括微波、红外线和激光。

8）局域网技术是计算机网络技术中一个处于飞速发展和广泛应用阶段的独立分支。

局域网具有以下特点：地理分布范围较小；数据传输速率高，一般为10～100Mb/s；传输时延小、误码率低；体系结构中一般仅包含OSI参考模型中的低层功能；协议简单、结构灵活。

以太网是目前应用广泛的局域网之一，采用的拓扑结构和布线标准如下：10BASE-T，双绞线缆，星形结构；10BASE-5，同轴电缆，总线型结构，最大单段电缆长度为500m；

10BASE-2，同轴电缆（RG-58A/U型），总线型结构，最大单段电缆长度为185m。

9）Internet是当今世界上规模最大、用户最多的国际计算机互联网络。用户接入Internet的方式可分为有线接入和无线接入两大类。

有线接入可以分为窄带接入和宽带接入两种方式。目前使用的宽带接入方式主要有ADSL（asymmetric digital subscriber line，非对称数字用户线）接入、HFC（hybrid fiber cable，混合光纤同轴电缆）接入和直接局域网接入等。

无线接入又可分为802.11无线网卡接入、Bluetooth接入和GSM/CDMA接入等。

10）TCP/IP是Internet的核心，利用TCP/IP可以方便地实现多个网络互连。

为了确保通信时能相互识别，在Internet上的每台主机都必须有唯一的标识，即主机的IP地址。IP是根据IP地址实现信息传递的。目前的IP地址（IPv4）由32位（4字节）二进制数组成，为了书写方便，常将每字节作为一段，以十进制表示，用圆点分割。

32位二进制数IP地址对计算机来说是十分有效的，但记忆一组并无意义且无任何特征的IP地址很困难，为此，Internet引进了字符形式的IP地址，即域名。

5.1.2 重点难点

重点：TCP/IP网络体系结构、各种Internet接入方式、Internet的服务与应用。
难点：计算机网络体系结构和局域网技术。

5.2 例题精讲

1. 计算机网络系统中的每台计算机都是（   ）。
   A. 相互控制的　　B. 相互制约的　　C. 各自独立的　　D. 毫无联系的

解析：从应用的角度看，计算机网络是以相互共享硬件、软件和数据等资源方式连接起来的、各自具有独立功能的计算机系统的集合。

本题答案：C。

2. 计算机网络的拓扑结构中不包括（   ）。
   A. 总线型结构　　B. 星形结构　　　C. 环形结构　　　D. 单线结构

解析：网络中的计算机设备要实现互连，就需要以一定的结构方式进行连接，这种连接方式就是网络的拓扑结构，即如何将这些网络设备连接在一起。计算机网络按照拓扑结构分为总线型结构、星形结构、环形结构、树形结构、网形结构等。

本题答案：D。

3. 网络协议是为了保证通信而制定的一组（   ）。
   A. 用户操作规范　　　　　　　B. 硬件电气规范
   C. 规则和约定　　　　　　　　D. 程序设计语法

解析：计算机网络协议指的是通信双方在通信时需要遵循的一组规则和约定。协议主要由语义、语法和时序3部分组成。

本题答案：C。

4. 网络适配器又称为（　　）。

  A. 网桥   B. 网卡   C. 调制解调器 D. 网站

解析：网络适配器（network adapter，NA）也称为网卡，是计算机网络相互连接的接口。无论是微型计算机还是服务器，只要连接到网络，就需要安装一块网卡。一台计算机也可以同时安装两块或两块以上的网卡。

本题答案：B。

5. 进行网络互连，当总线型网的网段距离已超过信号传送的最大距离时，可用（　　）来延伸。

  A. 路由器   B. 中继器   C. 网桥   D. 网关

解析：路由器是 Internet 的主要结点设备。路由器通过路由决定数据的转发，主要用于连接网络层、数据链路层、物理层。

  中继器在网络之间传递信息，起信号放大、整形和传输作用，当局域网物理距离超过了允许的范围时，可以用中继器将该局域网的范围进行延伸。

  网桥用于在数据链路层连接两个局域网络，网间通信从网桥传送，网内通信被网桥隔离。网络负载过大时，可用网桥将其分为两个网段，缓解网络通信繁忙的程度，提高通信效率。

  网关用于连接网络层之上执行不同协议的子网，实现异构的网络设备之间的通信。

本题答案：B。

6. 下列有关 Web 服务的叙述不正确的是（　　）。

  A. 它是基于超文本的技术

  B. 在超文本文档中有一些指向另一些文档和资源的指针

  C. 通过超链接的地址将 Internet 上的丰富资源连接在一起

  D. 采用客户机/服务器方式

解析：超文本普遍以电子文档的方式存在，其中的文字包含可以连接到其他位置或文档的链接，允许从当前阅读位置直接切换到超文本链接所指向的位置。Web 服务使用的是浏览器/服务器模式。

本题答案：D。

7. Internet 上的各类服务都基于某种协议，Web 服务基于（　　）协议。

  A. HTTP   B. SMTP   C. SNMP   D. Telnet

解析：HTTP 是用于从 WWW 服务器传输超文本到本地浏览器的传送协议。它不仅保证计算机正确快速地传输超文本文档，还确定传输文档中的哪一部分，以及哪些内容首先显示（如文本先于图形）等。通常在浏览器中看到的网页地址都是以 http://开头的。

本题答案：A。

8. 下面不是 URL 的是（　　）。

  A. focus@mysky.cn   B. http://www.mysky.cn

  C. ft://ftp. mysky.cn   D. news://newes. mysky.cn

解析：统一资源定位符（uniform resource locator，URL）是 Web 中用来寻找资源地址的办法。其格式如下。

协议名称://主机名称:端口地址/存放目录/文件名称

协议名称可以是 HTTP、file、FTP、gopher、news、Telnet 等。A 选项为电子邮箱地址。

本题答案：A。

9. 启动 Internet 上某一地址时，浏览器首先显示的那个文档称为（　　）。

　　A. 主页　　　　　　B. 域名　　　　　　C. 站点　　　　　　D. 网点

解析：主页是客户进入 Web 服务器入口的 HTML 文件，它是 Web 信息组织的入口。

本题答案：A。

10. 为什么称 ADSL 是非对称数字用户线路？

解析：ADSL 是运行在普通电话线上的一种高速、宽带技术，它将一根电话线分为 3 部分来使用：语音服务、上传、下载。打电话与上网互不干涉。非对称是指上传和下载的带宽不一致，上传速率一般为 640 kb/s～1 Mb/s，下载速率一般为 1～8 Mb/s。

11. 简述 IP 地址是怎样分类的？并说出各类地址的网络数量和适用范围。

解析：IP 地址的 5 种类型：A 类、B 类、C 类、D 类、E 类。

A 类第一字节范围：1～126，允许有 126 个网段，每个网络允许有 16 777 216 台主机，通常分配给拥有大量主机的大规模网络使用。

B 类第一字节范围：128～191，允许有 16 384 个网段，每个网络允许有 65 534 台主机，适合于结点比较多的网络。

C 类第一字节范围：192～223，允许有 2 097 152 个网段，每个网络允许有 254 台主机，适用于结点比较少的网络。

D 类第一字节范围：224～239。

E 类第一字节范围：240～254。

D 类、E 类适用于特殊用途。

12. 什么是搜索引擎？

解析：Web 搜索引擎简称为搜索引擎，是一种通过关键字查询来帮助人们定位 Web 上的信息的程序。作为对查询的响应，搜索结果以相关网站列表的形式显示出来，并且带有到源页面的链接及包含关键字的简短摘录。常用的搜索引擎 cn.bing.com、www.baidu.com 等。人们认为这些站点上的搜索引擎和图书索引有相同的作用，但 Web 上的信息量很大，搜索引擎能帮助用户链接到包含他们所找信息的网页，而"人工搜索"则难以完成。

13. 搜索引擎的工作原理是怎样的？

解析：搜索引擎包含 4 个组件：爬网程序、索引程序、数据库、查询处理器。爬网程序会遍历 Web 以收集网页内容中的数据。索引程序会处理爬网程序收集来的信息，将其转换为存储在数据库中的关键字列表和 URL 列表。查询处理器允许用户通过输入关键字访问数据库，然后会产生一个网页列表，列表中包含与查询相关的内容。

习　题

一、选择题

1. HTTP 是一种（　　）。

　　A. 高级程序设计语言　　　　　　B. 域名

    C．超文本传输协议   D．网址

2．Internet Explorer 是目前流行的浏览器软件，它的主要功能之一是浏览（　　）。

    A．网页文件   B．文本文件   C．多媒体文件   D．图像文件

3．Internet 的基础和核心是（　　）。

    A．TCP/IP 协议   B．FTP 协议   C．E-mail   D．WWW

4．modem 的中文名称是（　　）。

    A．计算机网络   B．鼠标   C．电话   D．调制解调器

5．OSI 的中文含义是（　　）。

    A．网络通信协议   B．国家信息基础设施

    C．开放系统互连   D．公共数据通信网

6．WAN 被称为（　　）。

    A．广域网   B．中程网   C．近程网   D．局域网

7．www.njtu.edu.cn 是 Internet 上一台计算机的（　　）。

    A．域名   B．IP 地址   C．非法地址   D．协议名称

8．常用的有线通信介质包括双绞线、同轴电缆和（　　）。

    A．微波   B．红外线   C．光纤   D．激光

9．从 www.uste.edu.cn 可以看出，它是中国一个（　　）的站点。

    A．政府部门   B．军事部门   C．工商部门   D．教育部门

10．电子邮件的特点之一是（　　）。

    A．采用存储转发方式在网络上逐步传递信息，不像电话那样直接、即时，但费用较低

    B．在通信双方的计算机都开机工作的情况下方可快速传递数字信息

    C．比邮政信函、电报、电话、传真更快

    D．在通信双方的计算机之间建立直接的通信线路后，就可快速传递数字信息

11．电子邮件是 Internet 上应用最广泛的服务项目，通常采用的传输协议是（　　）。

    A．SMTP   B．TCP/IP   C．CSMA/CD   D．IPX/SPX

12．宽带综合数字业务网的英文缩写是（　　）。

    A．ADSL   B．B-ISDN   C．ISP   D．TCP

13．最早出现的计算机网络是（　　）。

    A．Internet   B．Bitnet   C．ARPANET   D．Ethernet

14．根据计算机网络覆盖地理范围的大小，网络可分为局域网和（　　）。

    A．WAN   B．Novell   C．互联网   D．Internet

15．国际标准化组织指定的 OSI 参考模型的最底层是（　　）。

    A．数据链路层   B．逻辑链路   C．物理层   D．介质访问控制方法

16．和广域网相比，局域网（　　）。

    A．有效性、可靠性均好   B．有效性、可靠性均差

    C．有效性好，但可靠性差   D．有效性差，但可靠性好

17. 衡量网络上数据传输速率的单位是每秒传送多少个二进制位，记为（　　）。

    A. b/s   B. OSI   C. modem   D. TCP/IP

18. 互联网上的服务都基于一种协议，Web 服务基于（　　）协议。

    A. SMIP   B. HTTP   C. SNMP   D. Telnet

19. 以下关于 OSI 的叙述中，错误的是（　　）。

    A. OSI 是由 ISO 制定的   B. 物理层负责数据的传送

    C. 网络层负责数据打包后再传送   D. 最下面两层为物理层和数据链路层

20. 用户要想在网上查询 Web 信息，必须要安装并运行一个被称为（　　）的软件。

    A. HTTP   B. YAHOO   C. 浏览器   D. 万维网

21. 计算机网络的功能主要体现在信息交换、资源共享和（　　）等几个方面。

    A. 网络硬件   B. 网络软件   C. 分布式处理   D. 网络操作系统

22. 计算机网络是按照（　　）相互通信的。

    A. 信息交换方式   B. 传输装置   C. 网络协议   D. 分类标准

23. 计算机网络最突出的优点是（　　）。

    A. 精度高   B. 内存容量大   C. 运算速度快   D. 共享资源

24. 将两个同类局域网（即使用相同的网络操作系统）互连应使用的设备是（　　）。

    A. 网卡   B. 网关   C. 网桥   D. 路由器

25. 局域网常用的基本拓扑结构有（　　）、环形和星形。

    A. 层次型   B. 总线型   C. 交换型   D. 分组型

26. 开放系统互连参考模型的基本结构分为（　　）层。

    A. 4   B. 5   C. 6   D. 7

27. 每个 C 类 IP 地址包含（　　）个主机号。

    A. 256   B. 1 024   C. 24   D. 2

28. 目前，Internet 上最主要的服务方式是（　　）。

    A. E-mail   B. Web   C. FTP   D. CHAT

29. 目前，局域网的传输介质主要是（　　）、同轴电缆和光纤。

    A. 电话线   B. 双绞线   C. 公共数据网   D. 通信卫星

30. 目前，网络传输介质中传输速率最高的是（　　）。

    A. 双绞线   B. 同轴电缆   C. 光纤   D. 电话线

31. 实现计算机网络需要硬件和软件，其中负责管理整个网络各种资源、协调各种操作的软件称为（　　）。

    A. 网络应用软件   B. 通信协议软件

    C. OSI   D. 网络操作系统

32. 网络中各结点的互连方式称为网络的（　　）。

    A. 拓扑结构   B. 协议   C. 分层结构   D. 分组结构

33. 在电子邮件地址中，符号@后面的部分是（　　）。

    A. 用户名   B. 主机域名   C. IP 地址   D. 以上都不正确

34. 文件传输和远程登录都是互联网上的主要功能，它们都需要双方计算机之间建立起通信联系，两者的区别是（　　）。

    A. 文件传输只能传输计算机上存有的文件，远程登录则可以直接在登录的主机上进行创建目录、创建文件、删除文件等其他操作

    B. 文件传输只能传递文件，远程登录不能传递文件

    C. 文件传输不必经过对方计算机的验证许可，远程登录必须经过对方计算机的验证许可

    D. 文件传输只能传输字符文件，不能传输图像、声音文件；而远程登录可以

35. 在局域网中的各个结点，计算机都应在主机扩展槽中插有网卡，网卡的正式名称是（　　）。

    A. 集线器　　　　　　　　　　　B. T 形接头（连接器）

    C. 终端匹配器　　　　　　　　　D. 网络适配器

36. 下列叙述中，错误的是（　　）。

    A. 发送电子邮件时，一次发送操作只能发送给一个接收者

    B. 收发电子邮件时，接收方无须了解对方的电子邮件地址即可发回函

    C. 向对方发送电子邮件时，并不要求对方一定处于开机状态

    D. 使用电子邮件的首要条件是拥有一个电子信箱

37. 在网络的各个结点上，为了顺利实现 OSI 参考模型中同一层次的功能，必须共同遵守的规则是（　　）。

    A. 协议　　　　　　B. TCP/IP　　　　C. Internet　　　　D. 以太

38. 下面各项中，合法的 IP 地址是（　　）。

    A. 190.220.5　　　　　　　　　　B. 206.53.3.78

    C. 206.53.312.78　　　　　　　　D. 123，43，82，220

39. 在 OSI 参考模型中，把传输的比特流划分为帧的是（　　）。

    A. 传输层　　　　　B. 网络层　　　　　C. 会话层　　　　D. 数据链路层

40. 一座办公大楼内各个办公室中的计算机进行联网，这个网络属于（　　）。

    A. WAN　　　　　　B. LAN　　　　　　C. MAN　　　　　D. GAN

二、填空题

1. 电子公告板的英文缩写是（　　）。

2. 202.112.144.75 是 Internet 上一台计算机的（　　）地址。

3. 在计算机网络中，实现数字信号和模拟信号之间转换的设备是（　　）。

4. HTTP 是（　　）传输协议。

5. Internet 上最基本的通信协议是（　　）。

6. Internet 上的计算机是通过（　　）地址来唯一标识的。

7. Internet 提供的主要服务有（　　）、文件传输、远程登录、超文本查询 Web 等。

8. Internet 通过（　　）将各个网络互连起来。

9. Internet 为联网的每个网络和每台主机都分配了唯一的地址，该地址由纯数字组成并用小数点分隔，将它称为（　　）。

10．WWW 的中文名称为（　　）。

11．WWW 网页是用（　　）语言编写的。

12．常见的拓扑结构有星形、环形、（　　）。

13．在计算机网络中，通信双方必须共同遵守的规则和约定称为（　　）。

14．在 Internet 中用于文件传送的服务是（　　）。

15．和通信网络相比，计算机网络最本质的功能是（　　）。

16．以字符特征名为代表的 IP 地址中包括计算机名、机构名、（　　）和国家名 4 部分。

17．计算机网络技术包含的两个主要技术是计算机技术和（　　）。

18．目前常用的网络连接器主要有中继器、网桥、（　　）和网关。

参 考 答 案

一、选择题

1．C　　2．A　　3．A　　4．D　　5．C　　6．A　　7．A　　8．C　　9．D

10．A　11．A　12．B　13．C　14．A　15．C　16．A　17．A　18．B

19．C　20．C　21．C　22．C　23．D　24．C　25．B　26．D　27．A

28．B　29．B　30．C　31．D　32．A　33．B　34．A　35．D　36．A

37．A　38．B　39．D　40．B

二、填空题

1．BBS　　2．IP　　　3．调制解调器　　4．超文本　　5．TCP/IP

6．IP　　　7．电子邮件　8．网关　　　　9．IP 地址　　10．万维网

11．HTML　12．总线型　13．协议　　　14．FTP　　　　15．资源共享

16．网络名　17．通信技术　18．路由器

学习指导 6　多媒体技术基础

6.1　知 识 要 点

6.1.1　内容概述

1）多媒体技术使计算机具有综合处理文字、图像、声音和视频信息的能力。多媒体技术具有数字化、交互性、多样化、集成性 4 个特点。

2）多媒体计算机是具有捕获、存储并展示包括文字、图形、图像、声音、动画和视频等形式能力的具有多媒体功能的计算机。

3）数字图像包括位图图像和矢量图形两类。

4）位图图像，简称位图，是指在空间和亮度上已经离散化的图像。位图适合表现细致、层次、色彩丰富且包含大量细节的图像。位图占用存储空间较大，一般需要进行数据压缩。

$$位图文件的存储空间=图像分辨率×图像深度/8$$

位图常见的文件格式包括 BMP 格式、JPEG 格式、GIF 格式、PSD 格式等。

5）矢量图形，也称为几何图形或图形，它是用一组指令来描述的，这些指令给出构成该画面的所有直线、曲线、矩形、椭圆等的形状、位置、颜色等各种属性和参数。

矢量图形和位图相比，当改变大小时，矢量图形比位图效果更佳；矢量图形占用的存储空间通常比位图少；矢量图形通常不如位图真实。

扫描仪和数码照相机都不能生成矢量图形，可以使用如 CorelDraw、Freehand 和 Flash 等绘图软件来创建矢量图形。把位图转换为矢量图形非常困难，要把位图转换为矢量图形，必须使用描图软件。

6）音频处理包括音频信息采集、音频数字化、音频传输等技术。从声音数字化的角度考虑，影响声音质量主要有 3 个因素：采样频率、采样精度和声道数。

声音数字化数据量的计算公式为

$$数据量=采样频率×采样精度×声道数/8×时间$$

音频文件主要有 WAVE、MP3、RA 和 WMA 等格式。

7）视频是随时间连续变化的一组图像，其中的每一幅称为一帧。视频分为模拟视频和数字视频两类。

视频的获取可以通过对模拟视频的数字化获得。视频数字化和音频数字化过程相似，在一定的时间内以一定的速度对单帧视频信号进行采样、量化、编码，通过视频捕捉卡或视频处理软件来实现模/数转换、色彩空间变换和编码压缩等。

视频的文件格式包括 AVI、MOV、MPEG、流媒体视频格式等。

8）数据压缩技术是多媒体技术发展的关键技术之一，是计算机处理语音、静止图像和视频图像数据，进行数据网络传输的重要基础。数据压缩分为无损压缩和有损压缩两类。

6.1.2 重点难点

重点：多媒体技术的概念，图像、声音和视频的数字化过程及这些媒体的获取过程，各种多媒体文件格式及特点。

难点：对数据压缩技术的理解。

6.2 例题精讲

1. MPEG 是（　　）的压缩编码方案。

  A. 单色静态图像　　　　　　　　B. 彩色静态图像

  C. 数字视频　　　　　　　　　　D. 数字音频

解析：MPEG 格式是采用 ISO/IEC 颁布的运动图像压缩算法进行压缩的视频文件格式。与之对应，JPEG 是常用的图像文件格式，是一种有损压缩格式。JPEG 格式是目前流行的图像格式，广泛应用于网络图像传输和光盘读物上。

本题答案：C。

2. 数据（　　）是多媒体的关键技术。

  A. 交互性　　　　B. 压缩　　　　C. 格式　　　　D. 可靠性

解析：数据压缩技术是计算机处理语音、静止图像和视频图像数据，进行数据网络传输的重要基础。未经压缩的图像及视频信号数据量是非常大的。例如，一幅分辨率为 640×480 像素的 256 色图像的数据量为 300KB 左右，数字化标准的电视信号的数据量每分钟约 10GB。这样大的数据量不但超出了多媒体计算机的存储和处理能力，而且是当前通信信道速率所不能及的。因此，为了使这些数据能够进行存储、处理和传输，必须进行数据压缩。

本题答案：B。

3. 什么是 PDF 格式文件？这种格式文件有哪些特点？

解析：PDF（portable document format，便携式文件格式）也称为可移植文档格式，是 Adobe 公司开发的电子文件格式。PDF 格式文件与操作系统平台无关，即不管是在 Windows、UNIX 操作系统中，还是在苹果公司的 Mac 操作系统中，这种格式的文件都是通用的。

PDF 格式文件具有以下特点。

① 支持跨平台。其使用与操作系统平台无关，即在常见的 Windows、UNIX 或苹果公司的 Mac 等操作系统中都可以使用。

② 保留文件原有格式。其他格式文件或电子信息若转换成 PDF 格式文件进行传输，在传输过程中及被对方收到时，能保证传递的文件是"原来的"，具有安全可靠性。如果对 PDF 格式文件进行修改，则将留下相应的痕迹而被发现。

③ 可以将带有格式的文字、图形图像、超文本链接、声音和动态影像等多媒体电子信息，无论大小，均封装在一个文件中。

④ PDF 文件包含一个或多个"页"，每页都可以单独处理，特别适合多处理器系统的工作。

⑤ 文件使用工业标准的压缩算法，集成度高，易于存储与传输。

PDF 文件的这些特点使其成为在 Internet 上进行电子文档发行和数字化信息传播的理想文档格式。

习　题

一、选择题

1. 在一片直径为 5in（1in=2.54cm）的 CD-ROM 上，大约可以存储（　　）MB 的数据。

    A. 128　　　　　　B. 256　　　　　　C. 700　　　　　　D. 1024

2. CD-ROM 是指（　　）。

    A. 只读光盘　　　　　　　　　　B. 可擦写光盘

    C. 一次性可写入光盘　　　　　　D. 具有磁盘性质的可擦写光盘

3. CorelDRAW 是加拿大 Corel 公司开发的（　　）图形设计软件。

    A. 矢量　　　　　　B. 点阵　　　　　　C. 动画　　　　　　D. 位图

4. DVD 视频节目和 HDTV 编码压缩都采用（　　）压缩标准。

    A. MPEG-1　　　　B. MPEG-2　　　　C. MPEG-4　　　　D. MP3

5. GIF 格式文件的最大缺点是最多只能处理（　　）种色彩，因此不能用于存储真彩色的大图像文件。

    A. 128　　　　　　B. 256　　　　　　C. 512　　　　　　D. 160 万

6. MPEG-1 压缩算法广泛应用于（　　）视频节目。

    A. VCD　　　　　　B. DVD　　　　　　C. HDTV　　　　　D. PAL

7. MPEG 是一个（　　）压缩标准。

    A. 视频　　　　　　B. 音频　　　　　C. 视频和音频　　D. 电视节目

8. PAL 制式的电视画面每秒显示（　　）帧画面。

    A. 16　　　　　　　B. 25　　　　　　C. 30　　　　　　D. 60

9. Photoshop 是目前使用最广泛的专业（　　）处理软件。

    A. 动画　　　　　　B. 图像　　　　　C. 音频　　　　　D. 多媒体

10. 多媒体文件包含文件头和（　　）两大部分。

    A. 声音　　　　　　B. 图像　　　　　C. 视频　　　　　D. 数据

11. 图像印刷分辨率单位一般用（　　）表示。

    A. KB　　　　　　B. 像素　　　　　C. dpi　　　　　　D. bps

12. 灰度图像中亮度表示范围有（　　）个灰度等级。

    A. 128　　　　　　B. 255　　　　　　C. 1024　　　　　　D. 160万

13. 截取模拟信号振幅值的过程称为（　　）。

    A. 采样　　　　　　B. 量化　　　　　　C. 压缩　　　　　　D. 编码

14. 目前通用的压缩编码国际标准主要有（　　）和 MPEG。

    A. JPEG　　　　　　B. AVI　　　　　　C. MP3　　　　　　D. DVD

15. 文件格式实际上是一种信息的（　　）存储方式。

    A. 数字化　　　　　　B. 文件化　　　　　　C. 多媒体　　　　　　D. 图形

16. 数据压缩技术利用了数据的（　　）性，以减少图像、声音、视频中的数据量。

    A. 冗余　　　　　　B. 可靠　　　　　　C. 压缩　　　　　　D. 安全

17. 下列说法中正确的是（　　）。

    A. CD-ROM 是一种只读存储器但不是内存

    B. CD-ROM 驱动器是计算机的基本部分

    C. 只有存放在 CD-ROM 上的数据才被称为多媒体信息

    D. CD-ROM 上最多能够存储 350MB 的信息

二、填空题

1. 在多媒体计算机系统，CD-ROM 属于（　　）媒体。

2. 为了实现视频信息的压缩，建立了若干种国际标准，其中适合于连续色调、多级灰度的静止图像压缩的标准是（　　）。

3. 多媒体硬件系统的标志性组成有（　　）、模/数转换与数/模转换、高清晰度的彩显和数据压缩与解压缩硬件支持。

4. 传统文本都是线性的、顺序的，而超文本是（　　）。

5. 能产生一个电视质量的视频和音频压缩形式的国际标准是（　　）。

6. 一幅彩色图像的像素由红、绿和（　　）3 种颜色组成。

7. 对声音进行采样时，数字化声音的质量主要受 3 个技术指标的影响，它们是声道数、采样精度和（　　）。

参 考 答 案

一、选择题

1. C　　2. A　　3. A　　4. B　　5. B　　6. A　　7. C　　8. B　　9. B

10. D　　11. C　　12. B　　13. A　　14. A　　15. A　　16. A　　17. A

二、填空题

1．存储   2．JPEG   3．光盘驱动器   4．非线性的

5．MPEG   6．蓝   7．采样频率

学习指导7　软件技术基础

7.1　知　识　要　点

7.1.1　内容概述

软件技术基础主要包括软件工程基础、程序设计基础、算法与数据结构基础及数据库技术基础4部分。掌握软件技术基础知识，有助于提高自身的软件素质，增强对软件的理解，掌握利用计算机软件解决实际问题的方法。

1．软件工程基础

软件工程的诞生源于20世纪60年代的软件危机，为了解决软件危机，人们将系统化、规范化、可度量的方法应用于软件的开发、运行和维护中，从而诞生了软件工程学。软件工程包括方法、工具和过程三要素。

1）软件生命周期。软件产品从提出、实现、使用、维护到停止使用的全过程称为软件生命周期。软件生命周期可以分为软件定义、软件开发及软件运行维护3个时期。具体来说，可以分为问题定义、可行性研究、需求分析、概要设计、详细设计、编码、测试、运行及维护等阶段。

2）软件开发方法。软件开发方法主要包括结构化方法和面向对象方法。

① 结构化方法。结构化方法是由结构化分析、结构化设计和结构化编程3部分构成的。

结构化分析主要是指结构化需求分析。需求分析是系统开发初期的一项重要工作，它包括需求获取、需求分析、编写需求规格说明书和需求评审4个主要步骤。结构化分析方法使用简单易读的符号，按照系统中数据处理的流程，用数据流图来建立系统的功能模型，从而完成需求分析。结构化分析使用的工具主要有数据流图、数据字典、判定表和判定树。需求分析阶段的最后成果是软件需求规格说明书，它是软件开发中的重要文档之一。

结构化设计是把软件需求转换为软件表示的过程。结构化设计方法采用自顶向下的模块化设计方法，将需求分析得到的数据流图转换为软件的体系结构，用软件结构图来建立系统的物理模型，并设计每个模块的算法流程。结构化设计一般分为概要设计和详细设计。概要设计将软件需求转化为软件体系结构、确定系统级接口及数据库模式。详细设计确立每个模块的实现算法和局部数据结构。

结构化编程是结构化设计的程序实现，指使用顺序、选择和循环结构编程，通常也使用函数和子程序。C语言是结构化编程的典型语言。

② 面向对象方法。面向对象方法的基本出发点是尽可能按照人类认识世界的方法

和思维方式来分析和解决问题。用面向对象方法开发软件的过程：首先，分析用户需求，从实际问题中抽取对象模型；其次，将模型细化，设计对象类；再次，选定一种面向对象的编程语言，用具体编码实现类的设计；最后，进行测试，实现整个软件系统的设计。

面向对象方法包括面向对象分析、面向对象设计和面向对象编程 3 个部分。

3）软件测试与维护。软件测试是为了发现错误而执行程序的过程。

软件测试方法按是否需要实际执行被测试软件而分为静态测试与动态测试两种。静态测试并不实际运行软件，主要是通过人工进行的。动态测试是为了发现错误而执行程序的过程，即根据软件规格说明和程序的内部结构而设计测试用例，并利用这些测试用例去运行程序，以发现程序错误的过程。

动态测试又分为白盒测试和黑盒测试。白盒测试在程序内部进行，对程序所有的逻辑路径进行测试。黑盒测试不考虑程序内部的逻辑结构，只是检查程序的功能是否符合它的功能需求说明。

软件测试过程一般按 4 个步骤进行，即单元测试、集成测试、验收测试（确认测试）和系统测试。通过这些步骤的实施来验证软件是否合格，能否交付用户使用。

软件维护是指在软件产品安装、运行并交付给用户使用后进行的一项重要的日常工作。软件维护活动根据起因分为纠错性维护、适应性维护、完善性维护和预防性维护。

4）软件开发过程模型。软件开发过程模型主要有瀑布模型、原型模型、螺旋模型、增量模型和喷泉模型等。常用的瀑布模型遵循软件生命周期的划分，各个阶段工作顺序展开，前一阶段的工作完成后，后一阶段的工作才能开始，前一阶段产生的文档是后一阶段工作的依据。

2. 程序设计基础

1）程序是使计算机解决某一问题而编写出的一系列指令的集合。程序设计语言是用于描述计算机所执行操作的语言。程序设计语言的发展经历了机器语言、汇编语言和高级语言等几个阶段。

2）程序设计的基本步骤包括分析所求解的问题、确定解决方案、设计算法、编写程序、调试运行程序和编写文档。要有良好的程序设计风格和编程习惯，要求编写的程序清晰易懂。"清晰第一，效率第二"是当今主导的程序设计风格。

3）结构化程序设计方法。结构化程序设计的基本原则是在软件设计和实现过程中，采用自顶向下、逐步细化的模块化程序设计原则，限制使用 GOTO 语句，强调采用单入口、单出口的 3 种基本控制结构。

程序的 3 种基本控制结构是顺序结构、选择结构和循环结构。

4）面向对象的程序设计方法。面向对象的程序设计方法把数据和对数据的操作作为一个相互依赖、不可分割的整体——对象。对同类型对象抽象出其共性，形成类。类中的大多数数据只能用本类的方法进行处理。类通过一个简单的外部接口与外界发生关系，对象与对象之间通过消息进行通信。

3. 算法与数据结构基础

1）算法是对特定问题求解步骤的一种描述。算法并不等价于程序，同一个算法如果采用不同的编程语言能够编写出不同的程序。算法可以用自然语言、计算机语言、流程图或专门为描述算法而设计的语言进行描述。

算法有两个基本要素：一个是对数据对象的运算和操作；另一个是算法的控制结构。算法中基本的运算和操作包括算术运算、关系运算、逻辑运算和数据传输。算法的控制结构包括顺序、选择和循环3种基本结构及其组合。算法设计的基本方法主要有列举法、归纳法、递推法和递归法。

评价一个算法优劣的主要标准是算法的时间复杂度和空间复杂度。算法的时间复杂度使用算法在执行过程中的基本运算的执行次数来度量，通常记作：$T(n)=O(f(n))$，$f(n)$表示算法中基本运算执行的次数。算法的空间复杂度作为算法所需存储空间的量度，包括算法程序所占的空间、输入的初始数据所占的存储空间及算法执行过程中需要的额外空间。

2）数据结构是相互之间存在一种或多种特定关系的数据元素的集合，一般包括数据的逻辑结构、数据的存储结构、数据的运算3方面的内容。

根据数据元素之间关系的不同特性，通常有集合、线性结构、树形结构和图形结构4类基本逻辑结构。

数据的存储结构可采用顺序存储结构或链式存储结构。顺序存储结构是把逻辑上相邻的数据元素存储在物理位置上相邻的存储单元里。链式存储结构不要求逻辑上相邻的数据元素物理位置上也相邻，数据元素之间的逻辑关系是由附加的指针字段表示的。

数据的运算包括插入、更新、删除、查找和排序。

常用的数据结构有线性表、栈、队列和树。

① 线性表是由 n（n≥0）个数据元素 a_1，a_2，…，a_i，…，a_n 组成的一个有限序列，记为（a_1，a_2，…，a_i，…，a_n）。线性表的存储结构有顺序表和链表两种。顺序表的访问是随机的，而链表的访问则需按顺序进行。顺序表进行插入运算和删除运算会引起大量结点的移动，而链表进行插入运算和删除运算时无须结点的移动。

② 栈是限定仅在栈顶一端进行插入运算和删除运算的线性表。栈是按照"后进先出"（LIFO）的原则组织数据的。栈的存储结构可以用顺序存储结构，也可以用链式存储结构。

③ 队列是限定在一端进行插入，在另一端进行删除的线性表。允许删除的一端称为队头，允许插入的一端称为队尾。队列是按照"先进先出"（FIFO）的原则组织数据的。队列的存储结构可以用顺序存储结构，也可以用链式存储结构。

④ 树形结构是非线性结构，树和二叉树是最常用的树形结构。

二叉树是 n（n≥0）个结点的有限集合，它或者是空集（n=0），或者由一个根结点及两棵互不相交的、分别称为该根的左子树和右子树的二叉树组成。二叉树的存储通常采用链接方式。二叉树可以按多种不同的次序进行遍历，一般有先序（根）遍历、中序

（根）遍历和后序（根）遍历。

查找与排序：

① 查找是给定一个值，在含有 n 个数据元素的线性表中找出关键码等于给定值的数据元素，若找到，则查找成功；否则，查找失败。顺序查找和二分法查找是常用的查找方法。

② 排序是指将一个无序序列整理成按关键码值递增或递减排列的有序序列。根据待排序序列的规模及对数据处理的要求，可以采用直接插入排序、冒泡排序、简单选择排序、快速排序等不同的排序方法。

4. 数据库技术基础

1）数据管理方式大致经历了人工管理、文件系统和数据库管理 3 个基本阶段。

2）数据库系统在其内部具有三级模式和两级映射。三级模式分别是概念模式、外模式和内模式。两级映射分别是概念模式到内模式的映射和外模式到概念模式的映射。

概念模式是数据库系统中全局数据逻辑结构的描述，是全体用户公共数据视图。外模式是用户的数据视图，给出了每个用户的局部数据描述。内模式，又称为物理模式，它给出了数据库的物理存储结构与物理存取方法。

数据库系统通过两级映射建立了模式之间的联系与转换。概念模式到内模式的映射给出了概念模式中数据的全局逻辑结构到数据的物理存储结构之间的对应关系，保证了数据具有较高的物理独立性。外模式到概念模式的映射给出了外模式与概念模式的对应关系，保证了数据具有较高的逻辑独立性。

3）数据模型按不同的应用层次分为概念数据模型、逻辑数据模型和物理数据模型 3 种。

概念数据模型中最常用的是 E-R 模型，也称为实体-联系模型，该模型将现实世界的要求转化成实体、联系、属性等几个基本概念，以它们之间的连接关系表示，并且可以用一种图非常直观地表示出来。其中，实体之间的联系类型可分为一对一、一对多和多对多。

常用的数据模型主要有层次模型、网状模型、关系模型等。其中，关系模型是目前使用最广泛的数据模型。关系模型是用二维表来表示实体及实体之间联系的数据模型。

4）数据库设计包括需求分析、概念结构设计、逻辑结构设计、物理结构设计、数据库实施、数据库运行和维护 6 个阶段。

5）当前流行的数据库管理系统产品主要有 SQL Sever、Oracle、DB2、Sybase 等。

7.1.2 重点难点

重点：软件工程中结构化分析和设计的主要步骤、内容、使用的主要工具，软件测试的目的和方法，程序设计基础中结构化程序设计的基本原则，算法的基本要素和设计方法。

难点：结构化分析和设计中主要工具的使用方法；结构化程序设计的基本原则；算法的时间复杂度和空间复杂度的度量方法；常用的数据结构中线性表、栈、队列、树的概念，数据结构、存储结构及运算方法，常用的查找和排序方法。

7.2 例 题 精 讲

1. 在结构化方法中，软件功能分解属于软件开发中的（　　）。

    A. 详细设计　　　　B. 需求分析　　　　C. 概要设计　　　　D. 编程调试

解析：结构化方法包括结构化分析、结构化设计和结构化编程。结构化设计方法采用自顶向下的模块化设计方法，将需求分析得到的数据流图转换为软件的体系结构，用软件结构图来建立系统的物理模型，并设计每个模块的算法流程。

结构化设计分为概要设计和详细设计。概要设计的基本任务之一是设计软件系统结构，即采用某种设计方法，将一个复杂的系统按功能划分成模块，确定模块的功能及模块间的调用关系。因此，软件功能分解属于概要设计阶段。

本题答案：C。

2. 软件测试是保证软件质量的重要手段，其首要任务是（　　）。

    A. 保证软件的正确性　　　　　　　　B. 改正软件存在的错误

    C. 发现软件的潜在错误　　　　　　　D. 实现程序正确性证明

解析：关于软件测试的目的，Grenford Myers 在 *The Art of Software Testing* 一书中给出了深刻的阐述。

① 软件测试是为了发现错误而执行程序的过程。

② 一个好的测试用例是找到迄今为止尚未发现的错误的用例。

③ 一个成功的测试是发现了至今尚未发现的错误的测试。

Grenford Myers 的观点告诉人们，测试要以查找错误为中心，而不是为了演示软件的正确功能。

本题答案：C。

3. 软件设计中，有利于提高模块独立性的一个准则是（　　）。

    A. 低内聚、低耦合　　　　　　　　　B. 低内聚、高耦合

    C. 高内聚、低耦合　　　　　　　　　D. 高内聚、高耦合

解析：模块的独立程度是评价系统设计优劣的重要标准。衡量模块独立性可以引入两个定性的度量标准。

① 内聚性。一个模块内部各个元素间彼此结合紧密程度的度量。一个模块的内聚性越高，其模块独立性越强。

② 耦合性。模块间互相连接紧密程度的度量。一个模块与其他模块的耦合性越弱，其模块独立性越强。

因此，优秀的软件设计应尽量做到高内聚、低耦合，以提高模块的独立程度。

本题答案：C。

4. 在软件生命周期中，能准确地确定软件系统必须做什么和必须具备哪些功能的阶段是（　　）。

    A. 概要设计　　　B. 详细设计　　　C. 可行性分析　　　D. 需求分析

解析：按照软件生命周期，系统开发从系统需求分析开始，建立环境模型（即用户要解决的问题是什么，以及要达到什么目标、功能和环境）；需求分析完成后才进行系统设计，确定系统的功能模型（即解决怎么做的问题）；最后，进入软件开发的实现阶段，运用某种编程方法确定用户的实现模型，完成目标系统的编码和调试工作。因此确定软件系统做什么是需求分析阶段的任务。

本题答案：D。

5. 对长度为n的线性表进行顺序查找，在最坏的情况下所需要的比较次数为（   ）。

    A. n+1　　　　　　　B. n　　　　　　　C. n(n+1)/2　　　　D. n/2

解析：顺序查找一般是指从线性表的第一个元素开始，依次将线性表中元素的关键码值与给定值进行比较，若匹配成功则表示找到（即查找成功）；若线性表中所有元素的关键码值都与给定值不匹配，则表示线性表中没有满足条件的元素（即查找失败）。

最坏的情况是线性表中没有满足条件的元素，或满足条件的元素为线性表的最后一个元素，这两种情况下都需要将给定值与线性表的每个元素值做比较，因此最坏情况下所需的比较次数为n。

本题答案：B。

6. 如果进栈序列为e1，e2，e3，e4，则可能的出栈序列是（   ）。

    A. e3，e1，e4，e2　　　　　　　　B. e2，e4，e3，e1

    C. e3，e4，e1，e2　　　　　　　　D. 任意顺序

解析：可能的进栈出栈顺序为 e1 进栈→e2 进栈→e2 出栈→e3 进栈→e4 进栈→e4 出栈→e3 出栈→e1 出栈，因此可能的出栈序列为 e2，e4，e3，e1。

本题答案：B。

7. 若某二叉树的前序遍历访问顺序是 abdgcefh，中序遍历访问顺序是 dgbaechf，则其后序遍历访问顺序是（   ）。

    A. bdgcefha　　　　B. gdbecfha　　　　C. bdgaechf　　　　D. gdbehfca

解析：根据前序和中序遍历的结果绘制出该二叉树，然后分析后序遍历的结点访问顺序。

本题答案：D。

8. 设一棵二叉树中有 3 个叶子结点，有 8 个度为 1 的结点，则该二叉树中总的结点数为（   ）。

    A. 12　　　　　　　B. 13　　　　　　　C. 14　　　　　　　D. 15

解析：在任意一棵二叉树中，若叶子结点的个数为 n_0，度为 2 的结点数为 n_2，则 $n_0=n_2+1$。因此，在该二叉树中度为 2 的结点数为 2，总结点数为 3+8+2=13。

本题答案：B。

9. 在深度为 5 的满二叉树中，叶子结点的个数为（   ）。

    A. 32　　　　　　　B. 31　　　　　　　C. 16　　　　　　　D. 15

解析：满二叉树的叶子结点都位于树的最下一层。由满二叉树的特点可知最下一层的结点数为 2^{i-1} 个（i 为层数），因此叶子结点个数为 2^4 个。

本题答案：C。

10．设某循环队列的容量为 50，头指针 front=5（指向队头元素的前一位置），尾指针 rear=29（指向队尾元素），则该循环队列中共有（　　）个元素。

解析：在没有发生上溢的情况下，循环队列中元素的个数=尾指针（rear）-头指针（front）。

本题答案：24。

习　题

一、选择题

1．对建立良好的程序设计风格，下面描述正确的是（　　）。

A．程序应简单、清晰，可读性好　　　B．符号名的命名要符合语法

C．充分考虑程序的执行效率　　　　　D．程序的注释可有可无

2．对象实现了数据和操作的结合，是指对数据和数据的操作进行（　　）。

A．结合　　　　　B．隐藏　　　　　C．封装　　　　　D．抽象

3．检查软件产品是否符合需求定义的过程称为（　　）。

A．确认测试　　　B．集成测试　　　C．验证测试　　　D．验收测试

4．结构化程序设计的 3 种结构是（　　）。

A．顺序结构、选择结构、转移结构

B．分支结构、等价结构、循环结构

C．多分支结构、赋值结构、等价结构

D．顺序结构、选择结构、循环结构

5．结构化程序设计的基本原则不包括（　　）。

A．多态性　　　　B．自顶向下　　　C．模块化　　　　D．逐步求精

6．开发软件所需的高成本和产品的低质量之间有着尖锐的矛盾，这种现象称为（　　）。

A．软件投机　　　B．软件危机　　　C．软件工程　　　D．软件产生

7．模块独立性是软件模块化所提出的要求，衡量模块独立性的度量标准是模块的（　　）。

A．抽象和信息隐藏　　　　　　　　　B．局部化和封装化

C．内聚性和耦合性　　　　　　　　　D．激活机制和控制方法

8．软件测试的目的是（　　）。

A．发现错误　　　　　　　　　　　　B．演示软件功能

C．改善软件的性能　　　　　　　　　D．挖掘软件的潜能

9．软件测试方法中的静态测试方法之一为（　　）。

A．计算机辅助静态分析　　　　　　　B．黑盒测试法

C．路径覆盖　　　　　　　　　　　　D．边界值分析

10. 软件测试过程是软件开发过程的逆过程，其最基础的测试应是（　　　）。

    A. 集成测试　　　　B. 单元测试　　　　C. 有效性测试　　D. 系统测试

11. 软件工程的出现是由于（　　　）。

    A. 程序设计方法学的影响　　　　　　B. 软件产业化的需要

    C. 软件危机的出现　　　　　　　　　D. 计算机的发展

12. 软件工程的理论和技术性研究的内容主要包括软件开发技术和（　　　）。

    A. 消除软件危机　　　　　　　　　　B. 软件工程管理

    C. 程序设计自动化　　　　　　　　　D. 实现软件可重用

13. 软件开发的结构化生命周期方法将软件生命周期划分成（　　　）。

    A. 定义、开发、运行维护　　　　　　B. 设计阶段、编程阶段、测试阶段

    C. 概要设计、详细设计、编程调试　　D. 需求分析、功能定义、系统设计

14. 完全不考虑程序的内部结构和内部特征，而只根据程序功能导出测试用例的测试方法是（　　　）。

    A. 黑盒测试法　　　　B. 白盒测试法　　　C. 错误推测法　　D. 安装测试法

15. 下列不属于结构化分析常用的工具是（　　　）。

    A. 数据流图　　　　　B. 数据字典　　　　C. 判定树　　　　　D. PAD 图

16. 下列不属于软件工程三要素的是（　　　）。

    A. 工具　　　　　　　B. 过程　　　　　　C. 方法　　　　　　D. 环境

17. 下列叙述中，不属于结构化程序设计方法主要原则的是（　　　）。

    A. 自顶向下　　　　　　　　　　　　B. 自底向上

    C. 模块化　　　　　　　　　　　　　D. 限制使用 GOTO 语句

18. 下列叙述中，不属于软件需求规格说明书的作用的是（　　　）。

    A. 便于用户、开发人员进行理解和交流

    B. 反映出用户问题的结构，可以作为软件开发工作的基础和依据

    C. 作为确认测试和验收的依据

    D. 便于开发人员进行需求分析

19. 下列叙述中，正确的是（　　　）。

    A. 软件就是程序清单　　　　　　　　B. 软件就是存放于计算机中的文件

    C. 软件应包括程序清单及运行结果　　D. 软件包括程序和文档

20. 下面不属于软件设计原则的是（　　　）。

    A. 抽象　　　　　　　B. 模块化　　　　　C. 自底向上　　　　D. 信息隐蔽

21. 下面对对象概念描述错误的是（　　　）。

    A. 任何对象都必须有继承性　　　　　B. 对象是属性和方法的封装体

    C. 对象间的通信靠消息传递　　　　　D. 操作是对象的动态属性

22. 以下不属于对象基本特点的是（　　　）。

    A. 分类性　　　　　　B. 多态性　　　　　C. 继承性　　　　　D. 封装性

23. 在结构化方法的软件需求定义中，可采用分析工具来辅助完成。下列工具中，（　　　）是常用的工具。

Ⅰ. 数据流图　Ⅱ. 结构图　Ⅲ. 数据字典　Ⅳ. 判定表

　　A. Ⅰ和Ⅲ　　　　　　B. Ⅰ、Ⅱ和Ⅲ　C. Ⅰ、Ⅱ和Ⅳ　D. Ⅰ、Ⅲ和Ⅳ

24. 在面向对象方法中，一个对象请求另一对象为其服务的方式是通过发送（　　）来完成的。

　　A. 调用语句　　　B. 命令　　　　C. 口令　　　　D. 消息

25. 在软件开发中，需求分析阶段产生的主要文档是（　　）。

　　A. 可行性分析报告　　　　　　B. 软件需求规格说明书

　　C. 概要设计说明书　　　　　　D. 集成测试计划

26. 在软件生产过程中，需求信息的给出者是（　　）。

　　A. 程序员　　　　　　　　　　B. 项目管理者

　　C. 软件分析设计人员　　　　　D. 软件用户

27. 对长度为 n 的线性表排序，在最坏情况下，比较次数不是 n(n-1)/2 的排序方法是（　　）。

　　A. 快速排序　　　　　　　　　B. 冒泡排序

　　C. 直线插入排序　　　　　　　D. 堆排序

28. 具有 3 个结点的二叉树有（　　）。

　　A. 2 种形态　　B. 4 种形态　　C. 7 种形态　　D. 5 种形态

29. 链表不具有的特点是（　　）。

　　A. 不必事先估计存储空间　　　B. 可随机访问任一元素

　　C. 插入删除不需要移动元素　　D. 所需空间与线性表长度成正比

30. 设树 T 的度为 4，其中度为 1、2、3、4 的结点个数分别为 4、2、1、1，则 T 中叶子结点数为（　　）。

　　A. 8　　　　　　B. 6　　　　　　C. 7　　　　　　D. 5

31. 树是结点的集合，它的根结点有（　　）。

　　A. 有且只有 1 个　　　　　　　B. 1 个或多于 1 个

　　C. 0 或 1 个　　　　　　　　　D. 至少 2 个

32. 数据的存储结构是指（　　）。

　　A. 数据所占的存储空间量　　　B. 数据的逻辑结构在计算机中的表示

　　C. 数据在计算机中的顺序存储方式　D. 存储在外存中的数据

33. 在数据结构中，与所使用的计算机无关的是数据的（　　）。

　　A. 存储结构　　　B. 物理结构　　C. 逻辑结构　　D. 物理和存储结构

34. 数据结构作为计算机的一门学科，主要研究数据的逻辑结构、对各种数据结构进行的运算，以及（　　）。

　　A. 数据的存储结构　　　　　　B. 计算方法

　　C. 数据映像　　　　　　　　　D. 逻辑存储

35. 算法的空间复杂度是指（　　）。

　　A. 算法程序的长度　　　　　　B. 算法程序中的指令条数

　　C. 算法程序所占的存储空间　　D. 执行过程中所需要的存储空间

36．算法的时间复杂度是指（　　　）。

A．执行算法程序所需要的时间

B．算法程序的长度

C．算法执行过程中所需要的基本运算次数

D．算法程序中的指令条数

37．下列关于队列的描述中正确的是（　　　）。

A．在队列中只能插入数据　　　　　　B．在队列中只能删除数据

C．队列是先进先出的线性表　　　　　D．队列是先进后出的线性表

38．下列关于栈的描述中正确的是（　　　）。

A．栈按"先进先出"组织数据　　　　　B．栈按"先进后出"组织数据

C．只能在栈底插入数据　　　　　　　D．不能删除数据

39．下列数据结构中，按"先进后出"原则组织数据的是（　　　）。

A．线性链表　　　B．栈　　　　　C．循环链表　　　　D．顺序表

40．下列叙述正确的是（　　　）。

A．线性表是线性结构　　　　　　　　B．栈与队列是非线性结构

C．线性链表是非线性结构　　　　　　D．二叉树是线性结构

41．下列有关数据存储结构的叙述中，正确的是（　　　）。

A．顺序存储方式只能用于存储线性结构

B．顺序存储方式的优点是存储密度大，且插入运算和删除运算效率高

C．链表的每个结点中都恰好包含一个指针

D．栈和队列的存储方式既可以是顺序方式，也可以是链接方式

42．线性表的顺序存储结构和线性表的链式存储结构分别是（　　　）。

A．顺序存取的存储结构、顺序存取的存储结构

B．随机存取的存储结构、顺序存取的存储结构

C．随机存取的存储结构、随机存取的存储结构

D．任意存取的存储结构、任意存取的存储结构

43．已知二叉树的后序遍历序列是 dabec，中序遍历序列是 debac，则它的前序遍历序列是（　　　）。

A．acbed　　　　　B．decab　　　　　C．deabc　　　　　D．cedba

44．已知一棵二叉树的前序遍历序列和中序遍历序列分别为 abdegcfh 和 dbgeachf，则该二叉树的后序遍历序列为（　　　）。

A．gedhfbca　　　B．dgebhfca　　　C．abcdefgh　　　D．acbfedhg

45．用链表表示线性表的优点是（　　　）。

A．便于随机存取　　　　　　　　　　B．占用的存储空间较顺序存储少

C．便于插入操作和删除操作　　　　　D．数据元素的物理顺序与逻辑顺序相同

46．用树形结构来表示实体之间联系的模型是（　　　）。

A．关系模型　　　B．层次模型　　　C．网状模型　　　D．数据模型

47．在计算机中，算法是指（　　）。

    A．加工方法　　　　　　　　　　　　B．解决方案的准确而完整的描述

    C．排序方法　　　　　　　　　　　　D．查询方法

48．在下列几种排序方法中，要求内存量最大的是（　　）。

    A．插入排序　　　　B．选择排序　　　　C．快速排序　　　　D．归并排序

49．栈底至栈顶依次存放元素 A、B、C、D，在第 5 个元素 E 进栈前，栈中元素可以出栈，则出栈序列可能是（　　）。

    A．ABCED　　　　B．DCBEA　　　　C．DBCEA　　　　D．CDABE

50．栈和队列的共同特点是（　　）。

    A．都是先进先出　　　　　　　　　　B．都是先进后出

    C．只允许在端点处插入和删除元素　　D．没有共同点

51．栈通常采用的两种存储结构是（　　）。

    A．线性表存储结构和链表存储结构　B．列方式和索引方式

    C．表存储结构和数组　　　　　　　　D．线性存储结构和非线性存储结构

52．最简单的交换排序方法是（　　）。

    A．快速排序　　　　B．选择排序　　　　C．堆排序　　　　D．冒泡排序

53．SQL 中文含义是（　　）。

    A．结构化定义语言　　　　　　　　　B．结构化控制语言

    C．结构化查询语言　　　　　　　　　D．结构化操纵语言

54．把 E-R 模型转换成关系模型的过程，属于数据库的（　　）。

    A．需求分析　　　　B．概念设计　　　　C．逻辑设计　　　　D．物理设计

55．从关系中挑选出指定的属性组成新关系的运算称为（　　）。

    A．选取运算　　　　B．投影运算　　　　C．联接运算　　　　D．交运算

56．单个用户使用的数据视图描述称为（　　）。

    A．外模式　　　　　B．概念模式　　　　C．内模式　　　　D．存储模式

57．反映现实世界中的实体及实体间联系的信息模型是（　　）。

    A．关系模型　　　　B．层次模型　　　　C．网状模型　　　　D．E-R 模型

58．公司中有多个部门和多个职员，每个职员只能属于一个部门，一个部门可以有多个职员，从职员到部门的联系类型是（　　）。

    A．多对多　　　　　B．一对一　　　　C．多对一　　　　D．一对多

59．关系表中的每一横行称为一个（　　）。

    A．元组　　　　　　B．字段　　　　　　C．属性　　　　　D．码

60．关系数据库管理系统能实现的专门关系运算包括（　　）。

    A．排序、索引、统计　　　　　　　　B．选择、投影、连接

    C．关联、更新、排序　　　　　　　　D．显示、打印、制表

61．将 E-R 图转换到关系模式时，实体与联系都可以表示成（　　）。

    A．属性　　　　　　B．关系　　　　　　C．键　　　　　　D．域

62. 三级模式之间存在两级映射，它们是（　　）。

   A. 概念模式与子模式之间，概念模式与内模式之间

   B. 子模式与内模式之间，外模式与内模式之间

   C. 子模式与外模式之间，概念模式与内模式之间

   D. 概念模式与内模式之间，外模式与内模式之间

63. 设有如下表示学生选课的 3 张表：

   学生 S（学号，姓名，性别，年龄，身份证号）

   课程 C（课号，课名）

   选课 SC（学号，课号，成绩）

   则表 SC 的关键字为（　　）。

   A. 课号，成绩   B. 学号，成绩

   C. 学号，课号   D. 学号，姓名，成绩

64. 数据处理的最小单位是（　　）。

   A. 数据   B. 数据元素   C. 数据项   D. 数据结构

65. 数据库、数据库系统和数据库管理系统之间的关系是（　　）。

   A. 数据库包括数据库系统和数据库管理系统

   B. 数据库系统包括数据库和数据库管理系统

   C. 数据库管理系统包括数据库和数据库系统

   D. 三者没有明显的包含关系

66. 数据库的三级模式分别被定义为（　　）。

   A. 子模式、模式和概念模式   B. 外模式、子模式和存储模式

   C. 模式、概念模式和物理模式   D. 外模式、概念模式和内模式

67. 数据库管理系统中用来定义模式、内模式和外模式的语言为（　　）。

   A. C 语言   B. Basic 语言   C. DDL 语言   D. DML 语言

68. 数据库设计包括两个方面的设计内容，它们是（　　）。

   A. 概念设计和逻辑设计   B. 模式设计和内模式设计

   C. 内模式设计和物理设计   D. 结构特性设计和行为特性设计

69. 数据库系统的核心是（　　）。

   A. 数据库   B. 数据库管理系统

   C. 模拟模型   D. 软件工程

70. 数据库系统的体系结构是（　　）。

   A. 二级模式和一级映射   B. 三级模式和一级映射

   C. 三级模式和两级映射   D. 三级模式和三级映射

71. 数据库中存储的是（　　）。

   A. 数据   B. 数据模型

   C. 数据之间的联系   D. 数据及数据之间的联系

72. 为用户与数据库系统提供接口的语言是（　　）。

   A. 高级语言   B. 数据描述语言

C. 数据操纵语言　　　　　　　　D. 汇编语言

73. 下列选项中，可以直接用于表示概念模型的是（　　）。

A. 实体-联系（E-R）模型　　　　B. 关系模型

C. 层次模型　　　　　　　　　　D. 网状模型

74. 下列选项中，说法不正确的是（　　）。

A. 数据库减少了数据冗余　　　　B. 数据库中的数据可以共享

C. 数据库避免了一切数据的重复　D. 数据库具有较高的数据独立性

75. 下列关系运算中，能使运算后得到的新关系中属性个数多于原来关系中属性个数的是（　　）。

A. 选择　　　　　B. 连接　　　　　C. 投影　　　　　D. 并

76. 下列叙述中，不属于数据库系统的是（　　）。

A. 数据库　　　　　　　　　　　B. 数据库管理系统

C. 数据模型　　　　　　　　　　D. 软件工具

77. 下列叙述中，正确的是（　　）。

A. 用E-R图能够表示实体集之间一对一的联系、一对多的联系和多对多的联系

B. 用E-R图只能表示实体集之间一对一的联系

C. 用E-R图只能表示实体集之间一对多的联系

D. 用E-R图表示的概念数据模型只能转换为关系数据模型

78. 下列有关数据库的描述中，正确的是（　　）。

A. 数据处理是将信息转化为数据的过程

B. 数据的物理独立性是指当数据的逻辑结构改变时，数据的存储结构不变

C. 关系中的每一列称为元组，一个元组就是一个字段

D. 如果一个关系中的属性或属性组并非该关系的关键字，但它是另一个关系的关键字，则称其为本关系的外关键字

79. 下列关于数据库系统的描述中，正确的是（　　）。

A. 数据库系统减少了数据冗余

B. 数据库系统避免了一切冗余

C. 数据库系统中数据的一致性是指数据类型一致

D. 数据库系统比文件系统能管理更多的数据

80. 在超市营业过程中，每个时段要安排一个班组上岗值班，每个收款口要配备两名收款员配合工作，共同使用一套收款设备为顾客服务，在超市数据库中，实体之间属于一对一关系的是（　　）。

A. "顾客"与"收款口"的关系　　　B. "收款口"与"收款员"的关系

C. "班组"与"收款口"的关系　　　D. "收款口"与"设备"的关系

81. 在关系数据库中，用来表示实体之间联系的是（　　）。

A. 树结构　　　　　B. 网结构　　　　　C. 线性表　　　　　D. 二维表

82. 在教师表中，如果要找出职称为"教授"的教师，所采用的关系运算是（　　）。

A. 选择　　　　　B. 投影　　　　　C. 连接　　　　　D. 自然连接

83．最常用的一种基本数据模型是关系数据模型，它的表示应采用（　　）。

A．树 B．网络 C．图 D．二维表

二、填空题

1．（　　）是一种信息隐藏技术，目的在于将对象的使用者和对象的设计者分开。

2．单元测试，又称模块测试，一般采用（　　）测试。

3．结构化程序设计的 3 种基本逻辑结构为顺序结构、选择结构和（　　）。

4．类是一个支持集成的抽象数据类型，而对象是类的（　　）。

5．耦合和内聚是评价模块独立性的两个主要标准，其中（　　）反映了模块内各成分之间的联系。

6．软件工程包括 3 个要素，分别为方法、工具和（　　）。

7．在关系模型中，把数据看作一个二维表，每个二维表称为一个（　　）。

8．软件工程研究的内容主要包括（　　）技术和软件工程管理。

9．软件结构是以（　　）为基础而组成的一种控制层次结构。

10．软件是程序、数据和（　　）的集合。

11．软件维护活动包括以下几类：改正性维护、适应性维护、（　　）维护和预防性维护。

12．数据流图的类型有（　　）和事务型。

13．通常，将软件产品从提出、实现、使用、维护到停止使用的过程称为（　　）。

14．在程序设计阶段应该采取（　　）和逐步求精的方法，把一个模块的功能逐步分解，细化为一系列具体的步骤，进而使用某种程序设计语言编写成结构。

15．在面向对象的设计中，用来请求对象执行某一处理请求或回答某些信息的请求称为（　　）。

16．在面向对象的方法中，类之间共享属性和操作的机制称为（　　）。

17．在面向对象的方法中，信息隐藏是通过对象的（　　）性来实现的。

18．在长度为 n 的顺序存储线性表中，当在任何位置上插入一个元素的概率都相等时，插入一个元素所需移动元素的平均个数为（　　）。

19．当循环队列非空且队尾指针等于队头指针时，说明循环队列已满，不能进行入队运算，这种情况称为（　　）。

20．冒泡法排序在最好的情况下的元素交换次数为（　　）。

21．排序是计算机程序中的一种重要操作，常见的排序方法有插入排序、（　　）和选择排序等。

22．设一棵二叉树的中序遍历结果为 DBEAFC，前序遍历结果为 ABDEFC，则后序遍历结果为（　　）。

23．设一棵二叉树的中序遍历结果为 DEBAFC，前序遍历结果为 ABDECF，则后序遍历结果为（　　）。

24．设一棵二叉树共有 8 层，在该二叉树中最多有（　　）个结点。

25．设一棵完全二叉树共有 700 个结点，则在该二叉树中有（　　）个叶子结点。

26．深度为 5 的满二叉树有（　　）个叶子结点。

27．数据的基本单位是（　　）。

28．数据的逻辑结构有线性结构和（　　）两大类。

29．数据独立性分为逻辑独立性与物理独立性，当数据的存储结构改变时，其逻辑结构可以不变，这种独立性被称为（　　）。

30．数据结构包括数据的逻辑结构、数据的（　　）及对数据的操作运算。

31．数据结构分为逻辑结构与存储结构，线性链表属于（　　）。

32．顺序存储方法是把逻辑上相邻的结点存储在物理位置上（　　）的存储单元中。

33．算法的工作量大小和实现算法所需的存储单元的多少分别称为算法的（　　）。

34．算法的基本特征是可行性、确定性、（　　）。

35．用树形结构表示实体类型及实体间联系的数据模型称为（　　）。

36．在长度为 n 的有序线性表中进行二分查找，在最快情况下，需要的比较次数为（　　）。

37．在算法正确的前提下，评价一个算法的两个标准是（　　）。

38．在一个容量为 15 的循环队列中，若头指针 front=6，尾指针 rear=9，则该循环队列中共有（　　）个元素。

39．在最坏的情况下，冒泡排序的时间复杂度为（　　）。

40．栈和队列通常采用的存储结构是（　　）。

41．（　　）是从二维表列的方向进行的运算。

42．关系模型的完整性规则包括实体完整性、（　　）和自定义完整性。

43．关系数据库的逻辑模型设计阶段的任务是将总体 E-R 模型转换为（　　）。

44．实现概念模型最常用的表示方法是（　　）。

45．数据库管理系统常见的数据模型有层次模型、网状模型和（　　）。

46．数据库设计分为以下 6 个设计阶段：需求分析阶段、（　　）、逻辑设计阶段、物理设计阶段、实施阶段、运行和维护阶段。

47．数据库系统中实现各种数据管理功能的核心软件称为（　　）。

48．一个项目具有一个项目主管，一个项目主管可管理多个项目，则实体"项目主管"与实体"项目"的联系属于（　　）的联系。

49．由关系数据库系统支持的完整性约束是指（　　）和参照完整性。

50．在关系代数运算中，从关系中取出满足条件的元组的运算称为（　　）。

参 考 答 案

一、选择题

1．A　2．C　3．A　4．D　5．A　6．B　7．C　8．A　9．A
10．B　11．C　12．B　13．A　14．A　15．D　16．D　17．B　18．D
19．D　20．C　21．A　22．A　23．D　24．D　25．B　26．D　27．D

28．D 29．B 30．A 31．A 32．B 33．C 34．A 35．D 36．C
37．C 38．B 39．B 40．A 41．D 42．B 43．D 44．B 45．C
46．B 47．B 48．D 49．B 50．C 51．A 52．D 53．C 54．C
55．B 56．A 57．D 58．C 59．A 60．B 61．B 62．A 63．C
64．C 65．B 66．D 67．C 68．A 69．B 70．C 71．D 72．C
73．A 74．C 75．B 76．C 77．A 78．D 79．A 80．D 81．D
82．A 83．D

二、填空题

1．封装　　2．白盒法　　3．循环结构　　4．实例
5．内聚　　6．过程　　7．关系　　8．软件开发
9．模块　　10．相关文档　　11．完善性　　12．变换型
13．软件生命周期　　14．自顶向下　　15．消息　　16．继承
17．封装　　18．n/2　　19．上溢　　20．0
21．交换排序　　22．DEBCFA　　23．DEBFCA　　24．255
25．350　　26．16　　27．数据元素　　28．非线性结构
29．逻辑独立性　　30．存储结构　　31．存储结构　　32．相邻
33．时间复杂度和空间复杂度　　34．有穷性　　35．层次模型
36．1　　37．时间复杂度和空间复杂度　　38．3
39．n(n−1)/2　　40．链式存储和顺序存储　　41．投影
42．参照完整性　　43．关系模式　　44．E-R 图　　45．关系模型
46．概念设计阶段　　47．数据库管理系统　　48．一对多
49．实体完整性　　50．选择

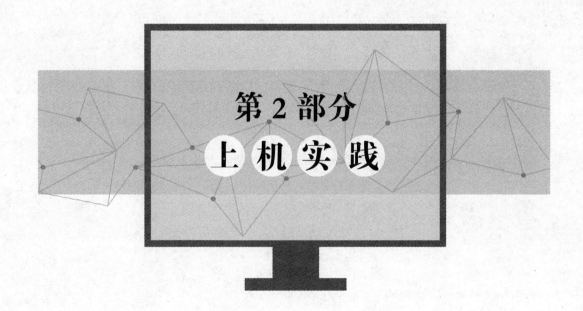

第 2 部分
上机实践

上机实践 1　计算机基本操作

实验 1　了解计算机系统

1. 实验目的

1）了解微型计算机系统的基本组成。
2）掌握计算机系统的启动和关闭方法。
3）掌握键盘和鼠标的基本操作方法。

2. 实验范例

【范例 1】　认识微型计算机硬件系统的基本组成。
操作步骤如下。
1）观察微型计算机硬件系统的组成。微型计算机硬件系统由主机和外部设备组成。对于用户来说，主机是指安装在主机箱内的部件，主要包括主板、微处理器、内存条、显卡、硬盘、光驱等。外部设备通过 I/O 接口与主机相连，外部设备除常见的键盘、显示器、鼠标外，还包括打印机、扫描仪、闪存盘、摄像头及耳机等。
2）断开键盘、鼠标、打印机等外部设备与主机之间的连接。
3）观察主机上的键盘、鼠标、打印机接口，比较其插口形状的异同。
4）重新连接键盘、鼠标和打印机。
5）观察 USB 接口的形状，将闪存盘插入 USB 接口。
【范例 2】　计算机系统的启动和关闭。
操作步骤如下。
1）打开显示器、打印机等外部设备的电源开关，然后打开主机的电源开关。
2）系统硬件自检，然后进入 Windows 操作系统。
3）关闭计算机系统时，单击"开始"按钮，在"开始"菜单中选择"关闭计算机"选项，即可关闭计算机系统。在 Windows 7 的关机项目列表框中，还包括"切换用户""注销""锁定""重新启动""睡眠"等。
4）关闭显示器、打印机等外部设备的电源。
【范例 3】　键盘的基本操作。
操作步骤如下。
1）观察键盘上键位区域的划分。
2）选择"开始"菜单中的"所有程序"选项，再选择"Microsoft Office"菜单中的"Microsoft Word 2010"选项，启动 Word 应用程序。
3）按键盘上的不同按键，熟悉键盘按键的作用。

键盘基本知识如下。

① 键盘一般分为 4 个区域，如图 2-1-1 所示。

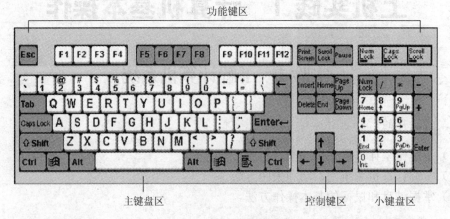

图 2-1-1　键盘功能区示意

② 常用键的功能。

Enter 键（回车键）：表示命令结束，用于确认或换行。

Caps Lock 键（大、小写字母转换键）：按一次 Caps Lock 键，键盘右上角的 Caps Lock 指示灯亮，此时输入的字母均是大写字母；再按一次 Caps Lock 键，键盘右上角的 Caps Lock 指示灯灭，此时输入的字母均是小写字母。

Shift 键（上挡键）：有些键位有上下两种符号，分别称为上挡字符和下挡字符，按住 Shift 键后再按下键位，则输入上挡字符。

Backspace 键（退格键）：按一次 Backspace 键，可以删除光标前面的一个字符。

Delete 键（删除键）：按一次 Delete 键，可以删除光标后面的一个字符。

Tab 键（制表键）：按 Tab 键，光标将向右移一个制表位。

Esc 键（退出键）：按 Esc 键，一般可退出或取消操作。

Alt 键（转换键）和 Ctrl 键（控制键）：这两个键必须与其他键配合使用，在不同的环境中功能也不同，如按 Alt+Tab 组合键可以实现在多个打开的窗口之间切换。

Insert 键（插入键）：在文本编辑状态下，Insert 键用于在"插入"和"改写"状态之间切换。

Num Lock 键（数字锁定键）：按一次 Num Lock 键，键盘右上角的键盘指示灯灭，表示锁定数字键盘，此时小键盘区不可用；再按一次 Num Lock 键，键盘右上角的键盘指示灯亮，此时小键盘区将恢复可用状态。

PrintScreen 键（打印屏幕键）：将屏幕当前内容复制到剪贴板或打印机上。

Windows 键：按下该键时，屏幕弹出 Windows 操作系统的开始菜单和任务栏。

【范例 4】　鼠标的基本操作。

使用鼠标完成如下操作。

1）指向：移动鼠标，将鼠标指针停留在某个对象上。

2）单击：将鼠标指针停在某个对象上，按下左键再释放，如单击"开始"按钮，弹出"开始"菜单。

3）右击：将鼠标指针停在某个对象上，按下右键再释放。右击某个对象会弹出该对象的快捷菜单。

4）双击：将鼠标指针停在某个对象上，快速按下鼠标左键两次并释放。双击应用程序会执行该程序，打开程序窗口，如双击桌面上的"Internet Explorer"图标，会打开IE窗口。

5）拖动：将鼠标指针停在某个对象上按下鼠标左键，移动到另一个位置，再释放鼠标左键，如拖动桌面上的某个图标到桌面的不同位置。

3. 实战练习

【练习1】　自己将计算机系统外部设备与主机连接起来。

【练习2】　启动计算机系统，进入操作系统界面，然后关闭系统。

【练习3】　练习键盘和鼠标的基本操作。

实验 2　计算机中、英文输入

1. 实验目的

1）掌握键盘输入的正确方法和标准的键盘指法。

2）掌握中、英文输入的基本方法。

2. 实验范例

【范例1】　键盘基本指法。

操作步骤如下。

1）选择"开始"菜单中的"所有程序"选项，再选择"附件"菜单中的"记事本"选项，启动 Windows 记事本程序，进行键盘指法练习。

2）将左、右手手指放在基准键位上。键盘的"A S D F"和"J K L；"8 个键为基准键位，输入时，左、右手的 8 个手指（大拇指除外）从左至右依次放在这 8 个键位上，双手大拇指轻放在 Space 键上。

3）左、右手手指由基准键位出发分工击打各自键位，左、右手手指分工如图 2-1-2 所示。

4）输入下面的英文。

A long time ago, there was a huge apple tree. A little boy loved to come and lay around it every day. He climbed to the tree top, ate the apples, and took a nap under the shadow. He loved the tree and the tree loved to play with him.

Time went by, the little boy had grown up and he no longer played around the tree every day. One day, the boy came back to the tree and he looked sad. "Come and play with me," the tree asked the boy. "I am no longer a kid, I don't play around trees anymore." The boy replied, "I want toys. I need money to buy them." "Sorry, but I don't have money… but you can pick all my apples and sell them. So, you will have money." The boy was so excited. He grabbed all the apples on the tree and left happily. The boy never came back after he picked the apples. The tree was sad.

图 2-1-2　键盘指法

操作提示：

键盘输入的正确方法如下。

1）坐姿端正，腰背挺直，两脚自然平放于地面。

2）座位高度适中，双肩放松，两臂轻贴于身体两侧。

3）手指自然弯曲，轻放在基准键位上。

4）输入时，两眼应注视屏幕或要输入的原稿，尽量不要看键盘。

5）击键要迅速、准确，节奏均匀。

6）按照标准的指法敲击键盘。

【范例2】　中文输入。

操作步骤如下。

1）同范例1操作，启动 Windows 记事本程序。

2）选择中文输入法。单击任务栏右侧的输入法图标 ，弹出中文输入法菜单，如图 2-1-3 所示。选择要使用的输入法，打开输入法工具栏，如图 2-1-4 所示。也可以按 Ctrl+Shift 组合键在各种输入法之间切换。

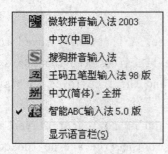

图 2-1-3　中文输入法菜单

图 2-1-4　输入法工具栏

> 输入法工具栏上的按钮都是开关按钮，用来实现各种输入状态的切换，如在中、英文之间切换，在全角、半角之间切换，在中、英文标点之间切换。将鼠标指针放在输入法工具栏的边缘，鼠标指针呈现十字箭头时，按住鼠标左键，可以将输入法工具栏拖动到其他位置。

3）使用所选择的输入法输入下面的文字。

有一位表演大师上场前，他的弟子告诉他鞋带松了。大师点头致谢，蹲下来仔细系好鞋带。等到弟子转身后，又蹲下来将鞋带解松。

一个旁观者看到后，不解地问："大师，您为什么又要将鞋带解松呢？"大师回答道："因为我饰演的是一位劳累的旅者，长途跋涉让他的鞋带松开，可以通过这个细节表现他的劳累憔悴。""那您为什么不直接告诉您的弟子呢？""他能细心地发现我的鞋带松了，并且热心地告诉我，我一定要保护他这种积极性，及时地给他鼓励，至于为什么要将鞋带解开，将来会有更多的机会教他表演，可以下一次再说。"一个人在同一时刻只能做一件事，懂得抓住重点，才是真正的人才。

3. 实战练习

【练习】 使用打字练习软件进行打字练习。

上机实践 2　Windows 7 操作系统

实验 1　Windows 7 的基本操作

1. 实验目的

1）了解 Windows 7 桌面元素和任务栏的使用。
2）掌握 Windows 7 窗口的基本操作方法。
3）掌握对话框、菜单和工具栏的基本使用方法。
4）掌握 Windows 7 的程序管理方法。

2. 实验范例

【范例 1】　启动 Windows 7 操作系统，观察 Windows 7 操作系统的桌面元素。

1）Windows 7 操作系统默认的桌面只有一个回收站的图标，充分体现了 Windows 7 操作系统的简洁风格。

如果希望把经常使用的图标放在桌面上，则可在桌面空白处右击，在弹出的快捷菜单中选择"个性化"选项，然后在打开的"个性化"窗口中选择左侧窗格中的"更改桌面图标"选项，弹出"桌面图标设置"对话框，如图 2-2-1 所示。选择自己经常使用的图标，单击"确定"按钮，就可以看到桌面上的图标，这些图标称为桌面元素。

图 2-2-1　"桌面图标设置"对话框

2）在桌面空白处右击，在弹出的快捷菜单中选择"查看"菜单中的"自动排列图标"选项，桌面上的图标将自动排列整齐。

如果取消选择"查看"菜单中的"显示桌面图标"选项，则桌面上的图标将全部隐藏。

【范例 2】　完成任务栏操作。

Windows 7 的任务栏和以前版本的 Windows 操作系统略有区别。

1）当用户打开一个应用程序窗口后，在任务栏上会出现相应的有立体感的按钮，表明当前程序正在被使用。在正常情况下，按钮是向下凹陷的，程序窗口最小化后，按钮是向上凸起的，这样用户可以方便地观察各个应用程序。

2）Windows 7 可以将一些不常使用的图标隐藏起来，当单击任务栏右侧的"显示隐藏的图标"按钮时，将显示已隐藏的图标，并可以启动相应的程序。

3）快速启动栏在 Windows 7 中不但默认被禁用，而且它并没有出现在工具栏列表中。如果要重新启用快速启动栏，可以按如下步骤进行：右击任务栏空白处，在弹出的快捷菜单中选择"工具栏"菜单中的"新建工具栏"选项，弹出"新工具栏-选择文件夹"对话框，输入如下路径"%userprofile%\AppData\Roaming\Microsoft\Internet Explorer\Quick Launch"，其中，userprofile 是用户工作目录，默认是 C:\user\Administrator。

取消选择"锁定任务栏"选项，再右击分隔条，取消选中"显示文本"和"显示标题"两个复选框。拖动分隔条排列好位置，重新锁定任务栏即可。快速启动栏就会出现在任务栏的右侧。

4）完成任务栏的下列操作。

① 利用任务栏上的时钟图标查看、修改系统当前日期和时间。将鼠标指针指向任务栏上的日期图标，在时钟图标上方将显示系统当前日期。单击日期图标，将弹出日期和时间显示对话框。选择对话框中的"更改日期和时间设置"选项，弹出"日期和时间"对话框，在该对话框中可修改系统的当前日期和时间。

② 设置任务栏自动隐藏。在任务栏空白处右击，在弹出的快捷菜单中选择"属性"选项，弹出"任务栏和「开始」菜单属性"对话框，如图 2-2-2 所示，选中"自动隐藏任务栏"复选框，单击"确定"按钮，设置任务栏自动隐藏。

【范例 3】　完成窗口操作。

1）Windows 7 的窗口管理增加了很多快捷操作。将窗口拖动越过屏幕边缘，就能把它停靠到屏幕的左半边或右半边。类似地，可以把窗口拖动越过屏幕顶部使其最大化，双击上/下边框使窗口宽度不变而高度最大化。除此之外，完成这些动作的快捷键如下。

Windows 徽标键+左箭头和 Windows 徽标键+右箭头：窗口将向左或右停靠。

Windows 徽标键+上箭头和 Windows 徽标键+下箭头：窗口将最大化和还原最小化。

Windows 徽标键+Shift+上箭头和 Windows 徽标键+Shift+下箭头：窗口将高度最大化和恢复。

靠左和靠右停靠的特性在宽屏显示器上特别有用。

图 2-2-2　自动隐藏任务栏

2）完成下面的窗口操作。

① 将"计算机"窗口最大化、最小化、还原，并将窗口移动到屏幕的右下角。

② 调整"计算机"窗口的大小，使之出现滚动条，滚动显示窗口的内容。

③ 设置所有打开的窗口以"层叠窗口"的方式排列。

④ 打开"计算机"窗口，浏览硬盘各个分区中的内容。

3）完成窗口之间的切换操作。打开"计算机""Internet Explorer""回收站"等多个窗口，在多个窗口之间切换，使不同的窗口成为活动窗口。

打开"计算机""Internet Explorer""回收站"等窗口后，依次单击任务栏上的按钮可以在窗口之间切换，也可以利用Alt+Tab或Alt+Esc组合键将不同的窗口切换为活动窗口。

【范例4】　窗口属性设置和窗口操作。

操作步骤如下。

1）按修改时间的先后顺序显示 C 盘中的文件和文件夹。双击桌面上的"计算机"图标，打开"计算机"窗口，在导航窗格中单击 C 盘图标，打开 C 盘，选择"查看"菜单中的"排序方式"菜单中的"修改日期"选项，则 C 盘中的文件和文件夹将按照其修改时间重新排列。

2）显示和隐藏"菜单栏"和"导航窗格"。在"计算机"窗口中，选择"组织"菜单中的"布局"菜单中的"菜单栏"选项和"导航窗格"选项即可更改布局，如图 2-2-3 所示。

3）设置在窗口中显示隐藏文件。选择"工具"菜单中的"文件夹选项"，在弹出的"文件夹选项"对话框中选择"查看"选项卡，如图 2-2-4 所示。选中"显示隐藏的文件、文件夹和驱动器"单选按钮，则在窗口中将显示包括隐藏文件在内的所有文件和文件夹。

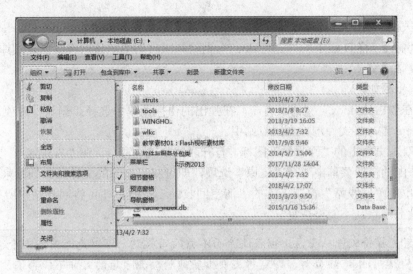

图 2-2-3 布局的设置

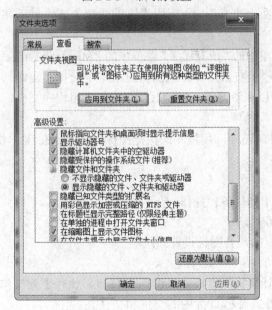

图 2-2-4 "文件夹选项"对话框

【范例 5】 启动 Word 应用程序,选择使用一种熟悉的输入法,在 Word 中输入一首熟悉的古诗,并以"古诗.docx"为文件名将该 Word 文件保存在 D 盘中。

操作步骤如下。

1)选择"开始"菜单中的"所有程序"选项,再选择"Microsoft Office"菜单中的"Microsoft Word 2010"选项,启动 Word 应用程序,打开 Word 窗口。

2)按 Ctrl+Shift 组合键在各种输入法之间切换,如选择"智能 ABC 输入法",然后在 Word 文档中输入一首古诗。

3）关闭 Word 文档窗口，将其保存在 D 盘上，文件名为"古诗.docx"。

【范例6】 将 D 盘中的"古诗.docx"删除到回收站中，然后将其恢复到原来位置，并将回收站清空。

操作步骤如下。

1）在"古诗.docx"文件上右击，在弹出的快捷菜单中选择"删除"选项，或者直接按 Delete 键，将文件删除到回收站中。

2）双击桌面上的"回收站"图标，打开"回收站"窗口，在"古诗.doc"文件上右击，在弹出的快捷菜单中选择"还原"选项，即可将已删除的文件还原到原来位置。

3）单击"回收站"窗口上方的"清空回收站"按钮，即可将回收站中所有文件彻底从磁盘上删除，不能再恢复。

> 要想直接将文件从磁盘上彻底删除而不放入回收站，可以先选中要删除的文件，然后按 Shift+Delete 组合键，即可将文件彻底删除，删除后的文件不能再恢复。

【范例7】 在桌面上建立 Word 应用程序的快捷方式，然后将该快捷方式删除。

操作步骤如下。

1）在"开始"菜单中的"所有程序"菜单中的"Microsoft Office"菜单中的"Microsoft Word 2010"应用程序上右击，在弹出的快捷菜单中选择"发送到"菜单中的"桌面快捷方式"选项。也可以在资源管理器中找到 Word 应用程序文件，选择"发送到"菜单中的"桌面快捷方式"选项。

2）选中桌面上的 Word 应用程序的快捷图标，按 Delete 键，将其删除。

3. 实战练习

【练习1】 完成下列任务栏操作。

1）自动隐藏任务栏。

2）利用任务栏上的声音图标设置系统静音。

3）将任务栏移动到屏幕的右侧。

【练习2】 在"计算机"窗口中双击打开 D 盘，执行下列操作。

1）以"列表"方式显示 D 盘中的文件和文件夹。

2）对 D 盘中的文件和文件夹按"类型"重新排列。

3）关闭窗口下方的状态栏，再将其显示出来。

【练习3】 按照下列要求设置文件夹选项。

1）显示已知文件类型的扩展名。

2）显示所有的文件和文件夹。

3）在标题栏中显示完整路径。

【练习4】 为 Windows 7 的画图程序建立桌面快捷方式，然后将该快捷方式删除到回收站中，再恢复该快捷方式，最后将画图程序的快捷方式直接从磁盘上彻底删除。

操作提示：在"开始"菜单中的"所有程序"菜单中的"附件"菜单中可以找到"画图"程序。

实验 2　文件和文件夹管理

1. 实验目的

1）掌握在 Windows 7 资源管理器中浏览文件的方法。

2）掌握在 Windows 7 资源管理器中选定、打开、新建、移动、复制、删除、重命名文件或文件夹的操作方法。

3）掌握在 Windows 7 中搜索文件的方法。

2. 实验范例

【范例 1】　完成资源管理器的基本操作。

1）打开资源管理器。

2）在资源管理器中浏览 C 盘中的内容。

3）分别选用大图标、列表、详细信息等方式显示 C 盘中的内容，观察其区别。

4）分别按照名称、类型、大小和修改日期等对 C 盘中的内容进行重新排列，观察其区别。

操作步骤如下。

1）选择"开始"菜单中的"所有程序"选项，再选择"附件"菜单中的"Windows 资源管理器"选项，打开资源管理器窗口。

2）在资源管理器窗口左侧的导航窗格中单击▷按钮展开文件夹，在右侧窗格中查看文件夹中的内容。

3）在"查看"菜单中选择大图标、列表、详细信息等不同方式浏览 C 盘中的内容。

4）选择"查看"菜单中的"排序方式"选项，在其菜单中选择按照名称、大小、类型和修改日期等方式重新排列图标。

【范例 2】　文件和文件夹操作。

1）在 D 盘建立文件夹，文件夹结构如图 2-2-5 所示。在 D:\实验 1 中建立 3 个文本文件 f1.txt、f2.txt、f3.txt 和一个 BMP 文件 p1.bmp，在 f1.txt 文件中输入任意文字，在 p1.bmp 中画一个矩形。

2）使用菜单方式将 f1.txt 复制到 D:\实验 2 中，使用快捷键将 f2.txt 复制到 D:\实验 2\sub1 中，使用鼠标拖动方式将 f3.txt 复制到 D:\实验 2\sub2 中。

3）将 D:\实验 1 中的 f2.txt 和 p1.bmp 文件移动到 D:\实验 2 中。

4）将 D:\实验 2 中的 f2.txt 删除到回收站中，再将其恢复，将 D:\实验 2 中的 p1.bmp 从磁盘上彻底删除。

5）将 D:\实验 2 中的 f2.txt 重命名为 file2.txt。

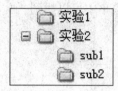

图 2-2-5　文件夹结构

操作步骤如下。

1）在 D 盘建立如图 2-2-5 所示的文件夹。

① 在 D:\实验 1 文件夹窗口中右击，在弹出的快捷菜单中选择"新建"选项，然后在其菜单中选择"文本文档"选项创建文本文件，输入文件名"f1.txt"，然后在窗口空白位置单击即可。使用同样的方法创建 f2.txt 文件和 f3.txt 文件。

② 双击可打开建立好的文本文件 f1.txt，输入任意文字。

③ 启动"画图"应用程序，绘制一个矩形，将其以 p1.bmp 为文件名保存到文件夹 D:\实验 1 中。

2）复制操作。

① 选中文件 f1.txt，利用快捷菜单或选择"编辑"菜单中的"复制"选项和"粘贴"选项，将文件复制到 D:\实验 2 中。

② 使用 Ctrl+C 组合键、Ctrl+V 组合键将 f2.txt 复制到 D:\实验 2\sub1 中。

③ 按住 Ctrl 键，使用鼠标将 f3.txt 拖动到资源管理器窗口左侧的 D:\实验 2\sub2 文件夹中，完成复制操作。

3）在 D:\实验 1 中选中 f2.txt，按住 Ctrl 键，再选中 p1.bmp，将选中的两个文件拖动到 D:\实验 2 中，完成移动操作。也可使用菜单选项"剪切""粘贴"，或 Ctrl+X 组合键、Ctrl+V 组合键实现文件的移动。

4）选中 D:\实验 2 中的 f2.txt 文件，按 Delete 键，或右击在弹出的快捷菜单中选择"删除"选项，将文件删除到回收站中。打开回收站，右击要还原的文件，在弹出的快捷菜单中选择"还原"选项，将文件恢复。选中 D:\实验 2 中的 p1.bmp 文件，按 Shift+Delete 组合键，将其彻底删除。

5）右击 D:\实验 2 中的 f2.txt 文件，在弹出的快捷菜单中选择"重命名"选项，输入新文件名"file2.txt"。

> 重命名文件时，如果原文件名的显示方式包含扩展名，则输入的新文件名中也应包含扩展名；否则，只输入文件名，而不必输入扩展名。

【范例 3】　在桌面上创建 D:\实验 2\sub1 文件夹的快捷方式，并利用该快捷方式打开 sub1 文件夹。

操作步骤如下。

1）在 D:\实验 2 中选中 sub1 文件夹并右击，在弹出的快捷菜单中选择"发送到"菜单中的"桌面快捷方式"选项，将在桌面上建立该文件夹的快捷方式。

按 Windows 徽标键+D 组合键，将所有窗口最小化，显示桌面。

2）在桌面上双击 sub1 文件夹的快捷方式，打开 sub1 文件夹。

【范例 4】　查看 D:\实验 1 中 f1.txt 文件的属性，并将其设置为"只读"和"隐藏"。

操作步骤如下。

1）设置 f1.txt 的只读属性。在 D:\实验 1 中的 f1.txt 文件上右击，在弹出的快捷菜单中选择"属性"选项，弹出"f1.txt 属性"对话框，选中"只读"复选框，如图 2-2-6 所示，单击"确定"按钮。

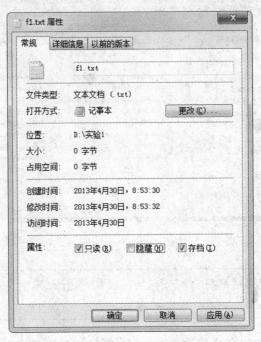

图 2-2-6　"f1.txt 属性"对话框

2）双击打开 f1.txt，在 f1.txt 文件中输入一些文字，然后选择"文件"菜单中的"保存"选项，观察是否能将文件正常保存。

3）在 D:\实验 1 中的 f1.txt 文件上右击，在弹出的快捷菜单中选择"属性"选项，弹出"f1.txt 属性"对话框，选中"隐藏"复选框，设置 f1.txt 为"隐藏"；然后在 D:\实验 1 文件夹窗口空白位置右击，在弹出的快捷菜单中选择"刷新"选项，则 f1.txt 将被隐藏。

> 要想将隐藏的文件或文件夹显示出来，可以选择"工具"菜单中的"文件夹选项"选项，弹出"文件夹选项"对话框，在"查看"选项卡中选中"显示隐藏的文件、文件夹或驱动器"单选按钮即可。

【范例 5】　完成文件搜索操作。

操作步骤如下。

1）搜索 C 盘上文件名第一个字母为 a、扩展名为.txt 的文件，并将搜索结果中的任意一个文件复制到桌面上。

打开"计算机"窗口，单击左侧导航窗格中的"本地磁盘（C:）"。在搜索框中输入搜索条件"a*.txt"。需要注意的是，当开始输入内容时，搜索就开始了。例如，当输入"a"时，所有名称以字母 a 开头的文件都将显示在文件列表框中，如图 2-2-7 所示。

图 2-2-7 搜索文件

> 搜索时，可以使用通配符"*"和"?"。"*"表示任意多个字符，"?"表示任意一个字符。

2）搜索 D 盘上 2012 年内修改过的所有扩展名为.bmp 的文件，需要增加搜索条件。在输入文本之前，单击搜索框，然后单击搜索框正下方的某一属性来缩小搜索范围。这样会在搜索文本中添加一条"搜索筛选器"（如"修改日期"），它将为用户提供更准确的搜索结果，如图 2-2-8 所示。

图 2-2-8 添加"搜索筛选器"后的搜索条件和结果

【范例 6】　完成磁盘操作。

操作步骤如下。

1）查看目前 D 盘上的可用空间大小。在"计算机"窗口中，单击导航窗格中的"计算机"按钮后，可以方便地查看各磁盘的容量、可用空间大小和已用空间大小。

在某个盘符（如本地磁盘 D）上右击，在弹出的快捷菜单中选择"属性"选项，弹出相应的属性对话框，除了可以在"常规"选项卡中查看磁盘的已用空间和可用空间情况外，还可以完成检查磁盘、备份磁盘或共享磁盘等操作。

2）格式化闪存盘。

将闪存盘插入 USB 接口，在"计算机"窗口中的闪存盘图标上右击，在弹出的快捷菜单中选择"格式化"选项，弹出相应的"格式化"对话框，单击"开始"按钮对闪存盘进行格式化。

在"格式化"对话框中选中"快速格式化"复选框，可以对闪存盘进行快速格式化，如图 2-2-9 所示。

3．实战练习

【练习 1】　打开资源管理器窗口，浏览 D 盘中各文件夹的内容，显示 D 盘中内容的详细信息，并按照修改日期从近到远显示。

操作提示：

1）选择"查看"菜单中的"详细信息"选项，显示文件或文件夹的详细信息。

2）在资源管理器窗口的"修改日期"标题处反复单击，设置按修改时间升序或降序显示。

图 2-2-9　格式化可移动磁盘

【练习 2】　在 D 盘建立两个文件夹 Test1 和 Test2，在 E 盘建立一个文件夹 Test3，在 Test1 文件夹中建立一个 Word 文件 w1.docx、一个文本文件 t1.txt。使用鼠标拖动的方式将 w1.docx 分别复制到 Test2 文件夹和 Test3 文件夹中。使用快捷键将 t1.txt 移动到 Test2 文件夹中。

操作提示：

1）由于 w1.docx 文件和目标文件夹 Test2 在同一磁盘驱动器中，因此按住 Ctrl 键，再用鼠标将 w1.docx 文件拖动到 Test2 文件夹中即可。

2）由于 w1.docx 与目标文件夹 Test3 在不同的磁盘驱动器中，因此可以直接拖动 w1.docx 到 Test3 文件夹中完成复制。

【练习 3】　将 D:\Test2\w1.docx 重命名为 w2.docx，然后将其删除，再恢复刚刚删除的文件。

【练习 4】　在桌面上建立 D:\Test3\w1.doc 的快捷方式，然后将快捷方式从磁盘上彻底删除。

【练习 5】　搜索 C 盘中 2017 年 9 月 1 日～2017 年 10 月 1 日创建的大于 10KB 的所有扩展名为.txt 的文件，并将其复制到 D:\Test1 文件夹中。

实验 3　控制面板的使用

1. 实验目的

1）了解控制面板的基本功能。
2）掌握显示属性的设置方法。
3）掌握添加/删除应用程序的方法。

2. 实验范例

【范例 1】　打开控制面板。
操作步骤如下。
选择"开始"菜单中的"控制面板"选项，打开"控制面板"窗口。也可以在打开的"计算机"窗口中，单击菜单栏下方的"打开控制面板"按钮，打开"控制面板"窗口。

【范例 2】　设置显示属性。
操作步骤如下。
1）设置桌面背景。
① 打开"控制面板"窗口，选择"外观和个性化"选项，再选择"个性化"选项。
② 在"个性化"窗口中单击"桌面背景"图标，打开"桌面背景"窗口，或在"控制面板"窗口中选择"外观和个性化"下的"更改桌面背景"选项，打开"桌面背景"窗口，如图 2-2-10 所示。

图 2-2-10　设置桌面背景

③ 如果用户需要把其他位置的图片设置为桌面背景，则在图 2-2-10 所示的窗口中

单击"浏览"按钮，在弹出的"浏览文件夹"对话框中，找到图片打开即可。

④ 在"图片位置"下拉列表中包括"填充""适应""拉伸""平铺"和"居中"5个选项，用户可以根据自己的喜好进行选择，建议选择"适应"选项，以得到较好的显示效果。

2）设置屏幕保护程序。

① 在"个性化"窗口中，单击"屏幕保护程序"图标，弹出"屏幕保护程序设置"对话框，如图 2-2-11 所示。

② 在该对话框中的"屏幕保护程序"下拉列表中选择"三维文字"选项，然后单击"设置"按钮，在弹出的"三维文字设置"对话框中输入文字"欢迎回来！"，单击"确定"按钮关闭"三维文字设置"对话框。

③ 设置等待时间为 1min。

④ 单击"预览"按钮查看设置效果，最后单击"确定"按钮完成屏幕保护程序的设置。

图 2-2-11　设置屏幕保护程序

> 在桌面的空白位置右击，在弹出的快捷菜单中选择"个性化"选项，也可以设置桌面背景或屏幕保护程序。

【范例 3】　添加/删除程序。

操作步骤如下。

1）卸载程序。在"控制面板"窗口中单击"程序"图标，再选择"卸载程序"选项，在当前安装的程序列表框中选择要卸载的程序，单击"卸载"按钮，按照系统提示卸载程序，如图 2-2-12 所示。

图 2-2-12　卸载或更改程序

2）打开或关闭 Windows 功能。如果选择"控制面板"窗口中"程序"菜单中的"打开或关闭 Windows 功能"选项，将弹出"Windows 功能"对话框，如图 2-2-13 所示，在该对话框中显示已经安装的 Windows 功能组件。例如，如果选中"Internet 信息服务"复选框，单击"确定"按钮，则可根据向导提示完成组件的添加。

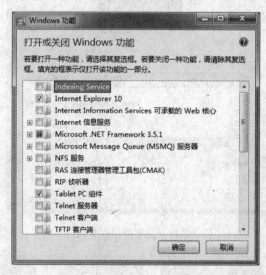

图 2-2-13　"Windows 功能"对话框

3．实战练习

【练习1】　在"画图"程序中绘制一张图片，将其设置为桌面背景，并将它拉伸到整个桌面。

【练习2】　设置一个屏幕保护程序，等待时间为 3min，查看屏幕分辨率。

上机实践 3　文字处理软件 Word 2010

实验 1　文档的输入及编辑

1. 实验目的

1) 掌握文档的创建、保存、打开及合并方法。

2) 熟练掌握文本的编辑、查找、替换方法。

3) 掌握设置文件密码的方法。

4) 了解 Word 2010 的在线翻译功能。

2. 实验范例

【范例 1】　Word 文档的创建。

启动 Word 2010，输入图 2-3-1 所示的文本内容，将其以 myword1.docx 为文件名保存在 D:\Word 文件夹中，然后关闭该文档。

> 　　一颗蒲公英小小的种子，被草地上那个小女孩轻轻一吹，神奇地落在这里便不再动了，这也许是夙缘。已经变得十分遥远的那个 8 月末的午夜，车子在黑幽幽的校园里林丛中旋转终于停住的时候，我认定那是一生中最神圣的一个夜晚：命运安排我选择了燕园一片土。
>
> 　　燕园的美丽是大家都这么说的，湖光塔影和青春的憧憬联系在一起，益发充满了诗意的情趣。每个北大学生都会有和这个校园相联系的梦和记忆。尽管它因人而异，而且也并非一味地幸福欢愉，会有辛酸烦苦，也会有无可补偿的遗憾和愧疚。
>
> 　　……

图 2-3-1　示例 1

操作步骤如下。

1) 选择"开始"菜单中的"所有程序"选项，再选择"Microsoft Office"菜单中的"Microsoft Word 2010"选项，启动 Word 2010，打开 Word 文字处理软件窗口。

2) 选择一种中文输入方法，在 Word 窗口中的文字编辑区输入图 2-3-1 中的内容。

3) 输入完成后，选择"文件"选项卡中的"保存"选项或选择"文件"选项卡中的"另存为"选项，将文件保存到指定的位置（例如，D:\Word 文件夹。如果此文件夹不存在，可以在"另存为"对话框中创建此文件夹），并以 myword1 为文件名。

4) 选择"文件"选项卡中的"退出"选项，关闭应用程序窗口。

> 启动 Word 2010 后，一般在"页面视图"方式下输入文本。可以在"视图"选项卡中完成各种视图的切换。
>
> 保存文件时，若选择"文件"选项卡中的"另存为"选项，将弹出"另存为"对话框。Word 2010 提供了丰富的保存类型，除了可以保存为文本格式、网页格式、XML格式外，还可以直接保存为 PDF 文件格式。

【范例 2】 Word 文档的合并。

1）新建 Word 文档，输入图 2-3-2 所示的内容，将其以 myword2.docx 为文件名保存在 D:\Word 文件夹中，然后关闭该文档。

> 燕园其实不大，未名不过一勺水。水边一塔，并不可登；水中一岛，绕岛仅百余步；另有楼台百十座，仅此而已。但这小小花园却让所有在这里住过的人终生梦绕魂牵。
>
> 其实北大人说到校园，潜意识中并不单指眼下的西郊燕园，他们大都无意间扩展了北大特有的花园的观念：从未名湖到红楼，从蔡元培先生铜像到民主广场。或者说，北大人的花园观念既是现实的存在，也是历史的和精神的存在。在北大人的心目中，花园既具体又抽象，他们似乎更乐于承认象征性的校园的精魂。
>
> ……

图 2-3-2 示例 2

2）将文档 myword2.docx 插入文档 myword1.docx 的后面。

操作步骤如下。

1）按范例 1 的操作步骤创建文档 myword2.docx。

2）启动 Word 应用程序，并打开文档 myword1.docx。

3）在文档 myword1.docx 的编辑窗口，将光标定位到文档的末尾，单击"插入"选项卡"文本"选项组中的"对象"下拉按钮，在弹出的下拉列表中选择"文件中的文字"选项，在弹出的"插入文件"对话框中选择文件 myword2.docx，单击"确定"按钮完成插入文件操作。插入操作完成后，保存文档 myword1.docx。

> 可以单击"开始"选项卡"剪贴板"选项组中的"复制"按钮和"粘贴"按钮插入文件内容，但这种方式一般适合内容较少的情况。"复制"和"粘贴"的快捷键分别是 Ctrl+C 和 Ctrl+V。

【范例 3】 Word 文档的编辑操作。

打开前面完成的文档 myword1.docx，完成下列操作。

1）在文本前插入标题"永远的校园"。

2）修改文档输入时存在的错误，练习文本的选定、修改、插入和删除等操作。

3）将文档中的所有"花园"替换为"校园"。

4）将 myword1.docx 文档以 myword1_bak.docx 为文件名保存在"我的文档"中。

操作步骤如下。

1）打开"计算机"或资源管理器窗口，找到文档 myword1.docx 并双击该文件，启动 Word 打开文档。

2）将鼠标指针移动到文档首行行首并单击，使光标处于文档的起始位置，按 Enter 键，这样就在文档的首行前插入了一个空行。

3）将光标定位到空行行首，输入标题"永远的校园"。

4）通过选定、复制、移动、删除及剪切等基本操作，修改文中的错误。

① 选定。在要选定的字符前单击并按住鼠标左键拖动，到达合适位置后，释放鼠标左键。

② 复制。选定字符后，单击"开始"选项卡"剪贴板"选项组中的"复制"按钮，将光标定位到目标位置，然后单击"开始"选项卡"剪贴板"选项组中的"粘贴"按钮即可。此外，将鼠标指针指向选中的部分，同时按住 Ctrl 键和鼠标左键将选中的字符拖动到指定的位置，也可以实现复制操作。

③ 剪切。选定字符后，单击"开始"选项卡"剪贴板"选项组中的"剪切"按钮，将选定的字符移动到剪贴板。

④ 移动。选定字符后，先进行"剪切"操作，然后在目标位置处进行"粘贴"。也可将鼠标指针指向选中的部分，并按住左键将其拖动到指定位置。

对于这些基本编辑操作，均需先"选定"才能进行其他各种操作。这些操作也可以通过右击，在弹出的快捷菜单中选择相应的选项来实现。

5）单击"开始"选项卡"编辑"选项组中的"替换"按钮，在弹出的"查找和替换"对话框中，选择"替换"选项卡，输入查找内容"花园"及要替换的内容"校园"，然后单击"全部替换"按钮，如图 2-3-3 所示。

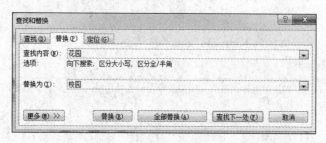

图 2-3-3　"查找和替换"对话框

6）选择"文件"选项卡中的"另存为"选项，弹出"另存为"对话框。在对话框的左侧导航窗格中选择保存位置为库→文档→我的文档，输入文件名 myword1_bak.docx，将修改后的文档保存在指定的文件夹中。

【范例 4】　设置文件密码。

1）为文件 myword1_bak.docx 添加打开权限密码"AAAAAA"。

2）为文件 myword1_bak.docx 添加修改权限密码"BBBBBB"。

操作步骤如下。

1）打开文档 myword1_bak.docx。

2）选择"文件"选项卡中的"另存为"选项，弹出"另存为"对话框，再选择"工具"下拉列表中的"常规选项"选项，弹出"常项选项"对话框，如图 2-3-4 所示，在该对话框中输入打开文件时的密码和修改文件时的密码即可。

图 2-3-4　"常规选项"对话框

3）单击"确定"按钮后，弹出"确认密码"对话框，再次确认输入的密码，完成密码设置。

4）保存文件。当再次打开该 Word 文档时，需要输入文件密码。

3. 实战练习

【练习1】　新建一个名为 Example1.docx 的 Word 文档，将其保存在 D:\Word 文件夹中，内容如图 2-3-5 所示。

信息社会人类生存的必需品是媒体。报纸、广播和电视代表着传统的三大媒体。因特网特别是万维网一经出现，立即被称为"新一代媒体"。

"新一代媒体"是时髦的，然而，浩如烟海的互联网络渐渐成为让人头痛的地方，要找到自己需要的东西实在是太难了。即使有了搜索引擎，这项工作的难度也因万维网页面的高速增加而有增无减。此外，网络信息也存在大量重复现象，相互转贴严重，以致有人把 ICP（网络内容提供商）讥讽为"Internet Copy and Paste"（网络复制和粘贴），充斥着平面化的冗余信息。

在这种态势下，用户需要应付四面八方数不尽的链接，忍耐网络拥挤和蜗牛式的缓慢，承受徒劳往返的错误。一旦费尽心思找到了所需的信息站点，还必须花大量时间对它进行浏览，检查这些信息是否已经更新，是否值得下载。在万维网信息迷宫里东游西逛"寻宝"的网民越来越多，这个网络总有一天会不堪重负而崩溃。

"新一代媒体"面临严峻的挑战，它正在寻找各种方便用户接收解决信息过载的途径。其中，一个热门的软件技术叫作"推"（Push）技术。互联网上的"推"技术又叫作"主动定时服务"。它把万维网上每个人需要的不同内容，自动"推送"到用户面前，而不需要用户亲自上网寻找。

有了全新的技术，传统的新闻媒体，包括报纸、电台、电视台、杂志社等，都将随着技术的进步而殊途同归，共同走上数字化之路。

如果说，农业时代的基础设施是以大运河为代表的水网，工业时代是以公路、铁路为代表的路网，信息时代基础设施的代表就是高速宽带网络。"新一代媒体"将伴随高速宽带不断向家庭延伸，我们也将面临全新的数字化生活。

图 2-3-5　示例 3

【练习 2】　打开建立的 Example1.docx 文档，完成下列操作。

1）在正文前插入标题"方兴未艾的第四媒体"，然后保存文档。

2）在文档 Example1.docx 中，将文档的第 2 段与第 3 段合并为 1 个段落；查找文字"一个热门的软件技术叫作'推（Push）技术'"，并从下一句开始，另起一段。

3）将 Example1.docx 文档中最后两个段落互换位置。

4）将全文中"新一代媒体"文字用"第四媒体"文字自动替换。

5）分别以页面视图、大纲视图、普通视图等不同显示模式显示文档。

实验 2　文档的排版

1．实验目的

1）掌握文档字符格式的设置方法。

2）掌握文档段落格式的设置方法。

3）掌握文档页面格式的设置方法。

4）掌握分栏、项目编号和符号等特殊格式的设置方法。

2．实验范例

【范例 1】　字符格式和段落格式的设置。

按图 2-3-6 的格式对文档 myword1.docx 进行格式化，格式化后的文档另存为 myword3.docx。

图 2-3-6　示例 4

操作步骤如下。

打开前面已建立的文档 myword1.docx，另存为 myword3.docx。

1）设置标题文字格式。将标题"永远的校园"设置为"标题 3"样式并居中，将标题中的文字设置为三号、华文仿宋字体、蓝色、加粗，文字字符间距为加宽 2 磅。

① 选定标题后，单击"开始"选项卡"样式"选项组右下角的"样式"按钮，在弹出的"样式"窗格中选择"标题 3"，再设置为"居中"格式。

② 文字格式的设置在"字体"对话框中进行。选定标题，单击"开始"选项卡"字体"选项组右下角的"字体"按钮，弹出"字体"对话框，如图 2-3-7 所示。

图 2-3-7　　"字体"对话框

③ 设置好字体、字号、颜色等选项后，单击"确定"按钮完成文字格式的设置。

2）将正文中的文字字体设置为仿宋体、四号；将"命运安排我选择了燕园一片土。"加下划线，下划线颜色为绿色。

选中正文文字后，利用"开始"选项卡"字体"选项组中的相关按钮完成文字格式的设置，如图 2-3-8 所示。文字格式设置也可以在"字体"对话框中进行。

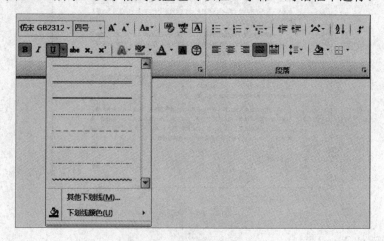

图 2-3-8　设置文字格式

3）利用"开始"选项卡"剪贴板"选项组中的"格式刷"按钮，将文字"命运安排我选择了燕园一片土。"的格式复制到文字"燕园其实不大，未名不过一勺水。水边一塔，并不可登；"上。

① 选中要复制的样本，单击或双击"开始"选项卡"剪贴板"选项组中的"格式刷"按钮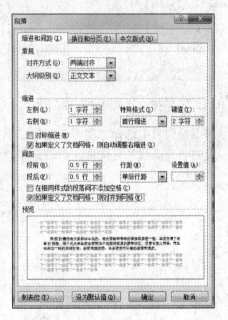，鼠标指针将变成格式刷形状，将格式刷形状的鼠标指针在要设置格式的文字"命运安排我选择了燕园一片土。"上拖动，该段落的格式即可复制成功。

② 选中样本段落后，在格式刷上可以单击和双击。单击格式刷，样本格式被复制一次后，格式刷的格式复制功能自动取消；双击格式刷，可以多次将复制的格式应用到文档中，应用完成后，再单击"格式刷"按钮，即可取消格式复制功能。

4）段落格式设置。将第二段正文中的文字设置为幼圆字体、小五号，段前及段后间距均设置为 0.5 行，首行缩进 2 个字符，左、右各缩进 1 个字符。

① 选定设置格式的文字后，利用"开始"选项卡"字体"选项组中的按钮设置幼圆字体、小五号。

② 单击"开始"选项卡"段落"选项组右下角的"段落"按钮，弹出"段落"对话框，如图 2-3-9 所示，在"段落"对话框中设置段间距、行距、缩进等。

③ 单击"确定"按钮后，完成段落格式的设置。

可以利用标尺来实现段落的各类缩进，标尺上提供了左缩进、右缩进、首行缩进和悬挂缩进 4 种方式，拖动相应的按钮就会实现缩进功能。排版后的效果如图 2-3-6 所示。

【范例 2】　页面格式的设置。

1）设置页眉和页脚。设置页眉内容为"这圣地绵延着不熄的火种"，仿宋体、小五号、两端对齐。在页脚内插入系统日期，右对齐。换行后，继续设置页脚为"本文档共　　页，第　　页"，其中的页数和页码可以动态改变（随页数的增加或减少变化），左对齐。

图 2-3-9　"段落"对话框

2）页面设置为"16 开（18.4cm×26cm）"纸型，左、右边距各为 3cm，页眉、页脚各为 3.5cm。

操作步骤如下。

打开前面已建立的文档 myword3.docx。

1）单击"插入"选项卡"页眉和页脚"选项组中的"页眉"或"页脚"下拉按钮，在弹出的下拉列表中选择"编辑页眉"或"编辑页脚"选项，进入页眉和页脚编辑状态。

2）在页眉区输入内容"这圣地绵延着不熄的火种"，并设置仿宋体、小五号、两端对齐。

3）将光标定位到页脚区，单击"插入"选项卡"文本"选项组中的"日期和时间"按钮，在弹出的"日期和时间"对话框中选择日期格式，设置右对齐。

4）输入"本文档共　　页，第　　页"，其中的页数和页码通过单击"插入"选项卡"文本"选项组中的"文档部件"下拉按钮，在弹出的下拉列表中选择"域"选项，在弹出的"域"对话框中实现，页数选用"NumPages"域，页码使用"Page"域，以达到动态改变的效果。

设置完成后，单击"页眉和页脚工具"面板中"设计"选项卡"关闭"选项组中的"关闭页眉和页脚"按钮，结束页眉和页脚的编辑状态。

图 2-3-10　"页面设置"对话框

5）单击"页面布局"选项卡"页面设置"选项组右下角的"页面设置"按钮，弹出"页面设置"对话框，如图 2-3-10 所示。

① 在"纸张"选项卡中，设置纸张大小为"16 开（18.4cm×26cm）"。

② 在"页边距"选项卡中，设置左、右边距为 3cm。

③ 在"版式"选项卡中，设置页眉、页脚各距边界 3.5cm。

6）单击"确定"按钮，完成设置，保存文档。

【范例 3】　设置分栏。

将文章第 3 段文字分为两栏，中间加分隔线。

操作步骤如下。

1）选中第 3 段，单击"页面布局"选项卡"页面设置"选项组中的"分栏"下拉按钮，在弹出的下拉列表中选择"更多分栏"选项，弹出"分栏"对话框，设置栏数、栏宽和间距，选中"分隔线"复选框，取消选中"栏宽相等"复选框，如图 2-3-11 所示。

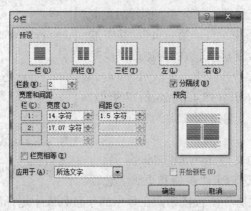

图 2-3-11　"分栏"对话框

2）单击"确定"按钮，完成分栏操作。

【范例 4】　设置特殊格式。

按图 2-3-12 的格式对文档 myword4.docx 格式化，要求如下。

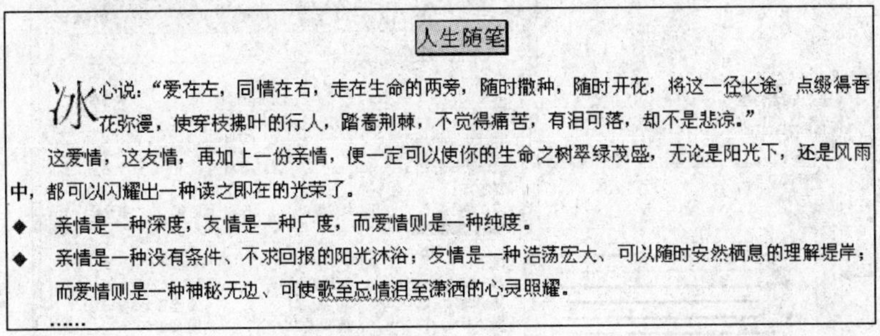

人生随笔

冰 心说："爱在左，同情在右，走在生命的两旁，随时撒种，随时开花，将这一径长途，点缀得香花弥漫，使穿枝拂叶的行人，踏着荆棘，不觉得痛苦，有泪可落，却不是悲凉。"

这爱情，这友情，再加上一份亲情，便一定可以使你的生命之树翠绿茂盛，无论是阳光下，还是风雨中，都可以闪耀出一种读之即在的光荣了。

◆ 亲情是一种深度，友情是一种广度，而爱情则是一种纯度。

◆ 亲情是一种没有条件、不求回报的阳光沐浴；友情是一种浩荡宏大、可以随时安然栖息的理解提岸；而爱情则是一种神秘无边、可使歌至忘情泪至潇洒的心灵照耀。

……

图 2-3-12 示例 5

1）边框和底纹。为标题添加 10%的底纹和 1.5 磅的阴影边框。

2）项目符号。将文章的后面两段设置为无首行缩进，添加紫色、五号的菱形项目符号。

3）为第一段文字设置首字下沉。

操作步骤如下。

1）创建文档 myword4.docx，并按图 2-3-12 输入内容。

2）选中标题，单击"开始"选项卡"段落"选项组中的"边框和底纹"按钮，在弹出的"边框和底纹"对话框，如图 2-3-13 所示，在该对话框中选择"边框"选项卡，设置 1.5 磅阴影边框，选择"底纹"选项卡，设置 10%的底纹。

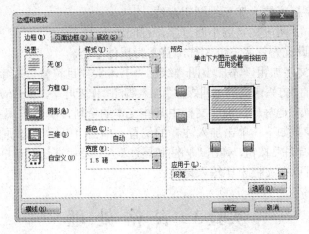

图 2-3-13 "边框和底纹"对话框

3）设置项目符号，需要先选定最后两个段落，然后按下面步骤操作。

① 单击"开始"选项卡"段落"选项组右下角的"段落"按钮，在弹出的"段落"对话框中取消最后两行的首行缩进设置。

② 单击"开始"选项卡"段落"选项组中的"项目符号"下拉按钮，在弹出的下拉列表中选择"定义新项目符号"选项，弹出"定义新项目符号"对话框，选择菱形项目符号，再通过单击"字体"按钮，在弹出的"字体"对话框中设置符号颜色、字号等选项。操作过程如图 2-3-14 所示。

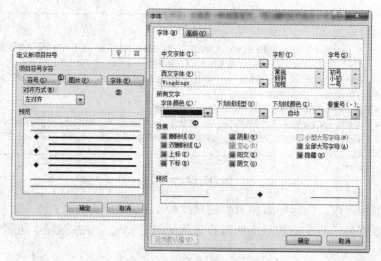

图 2-3-14 设置项目符号

③ 单击"确定"按钮完成操作。

3. 实战练习

【练习】 打开已建立的文档 Example1.docx，另存为 Example2.docx，完成下列操作。

1）格式化标题"方兴未艾的第四媒体"，要求设置华文隶书字体、二号字、加粗、阴文、居中，加字符底纹，加三维细粗双线。

2）设置第 1、3 两段文字为小四号字，行间距为 18 磅。

3）将第 3 段设置为首字下沉 3 行，首字为黑体空心。

4）将后 3 段文字加粗，添加小四号绿色"书本"项目符号，文字缩进 1.6cm。

5）为标题中的"方兴未艾的第四媒体"加入脚注"作者叶平，http://www.cst21.com.cn"。

操作提示： 脚注是解释、说明文档中某些文本的资料，脚注出现在每页的末尾。

插入脚注的步骤如下：单击加入注释的位置；单击"引用"选项卡"脚注"选项组右下角的"脚注和尾注"按钮，弹出"脚注和尾注"对话框，在该对话框中输入注释内容。

与此类似，可以在文档末尾输入尾注。

实 验 3 表 格 处 理

1. 实验目的

1）掌握表格的创建、输入和编辑方法。

2）掌握表格的格式化操作方法。

3）掌握表格的计算、排序功能的使用方法。

2. 实验范例

【范例 1】 表格的创建和编辑。

1）建立如图 2-3-15 所示的学生成绩表格，将其保存在 D:\Word 文件夹中，文件名为 myword 6.docx。

姓名	高等数学	英语	普物	C 语言	德育
王明皓	90	91	88	64	72
张朋	80	86	75	69	76
李霞	90	73	56	76	65
孙艳红	78	69	67	74	84

图 2-3-15　示例 6

2）插入行和列。在表格右端插入 2 列，列标题分别为"平均分""总分"，在表格最后 1 行后增加 1 行，行标题为"各科最高分"。

3）调整行高和列宽。将表格第 1 行的行高调整为最小值 1.2cm，将表格"平均分"列的列宽调整为 2.0cm。

操作步骤如下。

1）单击"插入"选项卡"表格"选项组中的"表格"下拉按钮，在弹出的下拉列表中选择"插入表格"选项，弹出"插入表格"对话框，如图 2-3-16 所示。在该对话框中设置"行数"为 5，"列数"为 6，单击"确定"按钮，完成建立表格的操作。

图 2-3-16　"插入表格"对话框

> 选择"插入表格"下拉列表中的"绘制表格"选项，可以使用绘图笔绘制不规则的表格。

2）单击单元格，在表格中输入相应的内容。

3）在表格右端插入两列，列标题分别为"平均分""总分"。

将光标定位到"德育"所在列的任一单元格中，Word 2010 会出现"表格工具"面板。在"表格工具"面板中，单击"布局"选项卡"行和列"选项组中的"在右侧插入"按钮，即可插入新列，在新列中输入列标题"平均分"。类似地，插入"总分"列。

4）在表格最后 1 行后增加 1 行，行标题为"各科最高分"。

将光标定位到表格的最后 1 行中，在"表格工具"面板中，单击"布局"选项卡"行和列"选项组中的"在下方插入"按钮，即可插入新行，在新行中输入行标题"各科最高分"。

5）将表格第 1 行的行高调整为最小值 1.2cm，将表格"平均分"列的列宽调整为 2.0cm。

选中表格第 1 行，在"表格工具"面板中，单击"布局"选项卡"表"选项组中的"属性"按钮，弹出"表格属性"对话框，如图 2-3-17 所示。在该对话框的"行"选项卡中，选中"指定高度"复选框，修改高度为 1.2cm。类似地，修改"平均分"的列宽为 2.0cm。

图 2-3-17　"表格属性"对话框

> 如果要精确设置行高或列宽，需要通过表格的"布局"选项卡中的"属性"选项实现。将光标定位到表格中的框线上，鼠标指针变成双向箭头时，按住鼠标拖动，也可以调整行高或列宽。

6）拖动鼠标，适当调整各列的列宽，编辑完成后的表格如图 2-3-18 所示。

姓名	高等数学	英语	普物	C 语言	德育	平均分	总分
王明皓	90	91	88	64	72		
张朋	80	86	75	69	76		
李霞	90	73	56	76	65		
孙艳红	78	69	67	74	84		
各科最高分							

图 2-3-18　示例 7

【范例 2】　表格的格式化，设置文字格式、表格和边框等操作。

操作步骤如下。

1）单击"开始"选项卡"字体"选项组中的"加粗"按钮和"倾斜"按钮，将表格最后 1 行的文字格式设置为加粗、倾斜。

2）将表格中所有单元格内容设置为水平居中、垂直居中。

① 使用"表格工具"面板中的"设计"选项卡可以方便地进行表格的格式化操作。将光标定位到表格中，即可出现"表格工具"面板，其中包含常用的表格操作工具。

② 在"表格工具"面板中，单击"布局"选项卡"对齐方式"选项组中的"水平居中"按钮，即可设置单元格内容的水平居中和垂直居中。图 2-3-19 显示的是部分表格

工具。

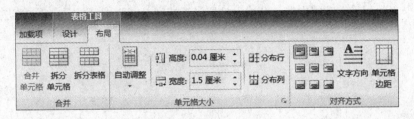

图 2-3-19 部分表格工具

3）设置表格外框线为蓝色 1.5 磅粗线，内框线为 0.5 磅细线。选定整个表格后，在"表格工具"面板的"设计"选项卡中，设置线条线宽为 1.5 磅、颜色为蓝色，再选择"外侧框线"，如图 2-3-20 所示。类似地，设置内框线为 0.5 磅细线。

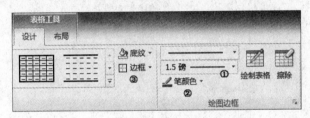

图 2-3-20 设置表格外框线

> 单击"开始"选项卡"段落"选项组中的"边框"下拉按钮，在弹出的下拉列表中选择"边框和底纹"选项，在弹出的"边框和底纹"对话框中，也可以设置表格的边框和底纹。

4）设置表格第 1 行的底纹填充色为白色-深色 15%，最后 1 行为淡紫色。选定表格第 1 行后，在"表格工具"面板中，单击"设计"选项卡"表格样式"选项组中的"底纹"下拉按钮，弹出主题颜色选择的下拉列表，选择其中的"白色，背景 1，深色 15%"选项，如图 2-3-21 所示。

【范例 3】 表格的排序和计算。

操作步骤如下。

1）将表格中的数据排序先按照高等数学成绩从高到低进行排序，再按照普物成绩从高到低进行排序。

① 将光标定位到表格中，出现"表格工具"面板。单击"布局"选项卡"数据"选项组中的"排序"按钮，弹出"排序"对话框，设置排序关键字和类型，如图 2-3-22 所示。

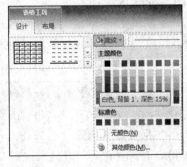

图 2-3-21 选择主题颜色

② 单击"确定"按钮，完成排序操作。

2）计算每个学生的平均分（保留 1 位小数）及各科最高分。

① 将光标定位到第 1 个要计算平均分的单元格中，出现"表格工具"面板。单击"布局"选项卡"数据"选项组中的"公式"按钮，弹出"公式"对话框，如图 2-3-23 所示。

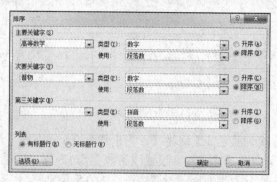

图 2-3-22　"排序"对话框

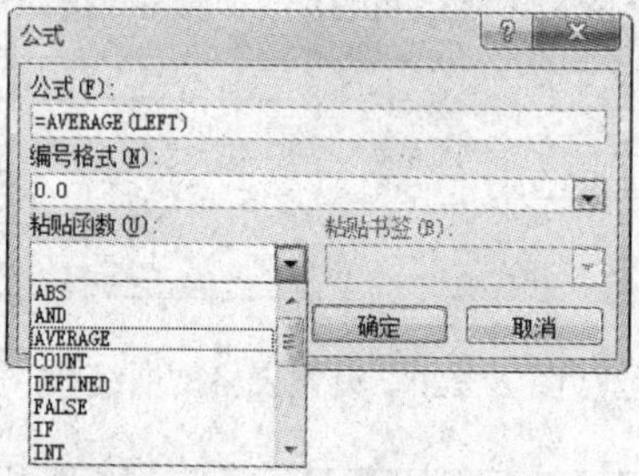

图 2-3-23　"公式"对话框

在"公式"对话框中将光标定位到公式栏的"="后面，在"粘贴函数"下拉列表中选择平均值函数"AVERAGE"，删除公式后面的空括号及"SUM"函数，保留原来的"（LEFT）"，在"编号格式"文本框中输入"0.0"，以保证平均分为 1 位小数，如图 2-3-23 所示。

② 单击"确定"按钮，完成平均分的计算。

③ 类似地，可以计算其他行的平均分。

计算各科最高分时选择"MAX"函数，操作过程和上面类似。

> 在上面的操作中，如果每行的平均分或每列的最高分都用公式来计算，则操作十分烦琐。此时，可以利用"更新域"操作完成。
>
> 操作过程：选中利用公式计算出结果的单元格，选择"复制"选项；将光标定位到后面需要计算的单元格中，选择"粘贴"选项。粘贴完成后，右击复制的值，在弹出的快捷菜单中选择"更新域"选项即可。

3）为表格增加标题行"学生成绩表"，格式为黑体、加粗、小三号字、居中。

如果表格位于文档的第 1 行，可以将光标定位到表格左上角的单元格中，然后按 Enter 键，即可在表格前插入 1 行。输入文字"学生成绩表"后，利用"开始"选项卡"字体"选项组中的按钮或在"字体"对话框中按要求进行设置。制作完成后的结果如图 2-3-24 所示。

学生成绩表

姓名	高等数学	英语	普物	C 语言	德育	平均分	总分
王明皓	90	91	88	64	72	81.0	
张朋	80	86	75	69	76	77.2	
李霞	90	73	56	76	65	72.0	
孙艳红	78	69	67	74	84	74.4	
各科最高分	90	91	88	76	84		

图 2-3-24　示例 8

3. 实战练习

【练习 1】 设计一个学生个人情况简表，如图 2-3-25 所示，将文件保存在 D:\Word 文件夹中，文件名为 Example3.doc。

学生个人情况简表

<table>
<tr><td>姓　名</td><td colspan="2"></td><td>性别</td><td></td><td rowspan="4">照片</td></tr>
<tr><td rowspan="3">地址</td><td>通信地址</td><td colspan="3"></td></tr>
<tr><td>邮政编码</td><td></td><td>电子邮件</td><td></td></tr>
<tr><td>电话</td><td></td><td>手机</td><td></td></tr>
<tr><td rowspan="7">学习经历</td><td colspan="2">时　间</td><td colspan="3">学　校</td></tr>
<tr><td colspan="2"></td><td colspan="3"></td></tr>
<tr><td colspan="2"></td><td colspan="3"></td></tr>
<tr><td colspan="2"></td><td colspan="3"></td></tr>
<tr><td colspan="2"></td><td colspan="3"></td></tr>
<tr><td colspan="2"></td><td colspan="3"></td></tr>
<tr><td colspan="2"></td><td colspan="3"></td></tr>
<tr><td rowspan="2">外语及计算机使用程度</td><td colspan="5">□英语六级　□英语四级　□日语　□其他</td></tr>
<tr><td colspan="5">□基本操作　□国家二级　□国家三级　□其他</td></tr>
</table>

图 2-3-25　示例 9

1）标题设置为二级标题、仿宋体、加粗、居中。

2）地址、学习经历、照片等单元格中文字竖排，居中。

3）整个表格居中。

操作提示：

1）先建立 13 行、5 列的表格，再合并和拆分单元格。

2）为了保证各列宽度一致，可以在“表格工具”面板中单击“布局”选项卡“单元格大小"选项组中的"分布列"按钮。

3）文字竖排可以单击"布局"选项卡"对齐方式"选项组中的"文字方向"按钮。

【练习2】 设计一个工资表，如图 2-3-26 所示。将文件保存在 D:\Word 文件夹中，文件名为 Example4.doc。

姓名	基本工资	职务工资	各项补贴	实发工资
张力明	1650.5	980.00	300.00	
赵晓侗	2200.00	679.00	300.00	
辛朋	1865.00	890.00	300.00	

图 2-3-26 示例 10

1）所有单元格文字水平居中对齐、垂直居中对齐。

2）用公式计算实发工资（前 3 项工资和）。

实验 4 图 文 混 排

1. 实验目的

1）掌握插入图片、艺术字的方法。

2）学会利用文本框设计较为复杂的版式。

3）了解绘制图形的操作。

2. 实验范例

【范例1】 插入艺术字和剪贴画。

操作步骤如下。

1）新建文档 myword5.docx，输入如图 2-3-27 所示的内容，将该文件保存在 D:\Word 文件夹中。

2）插入艺术字标题"未来的互联网"，艺术字样式为"蓝色渐变填充"，样式取自第 3 行第 4 列，文字环绕方式采用"嵌入型"。

3）在正文中插入 D:\Word 中的图片文件"tu.bmp"，环绕方式选择"四周型"。

① 单击"插入"选项卡"插图"选项组中的"图片"按钮，弹出"插入图片"对话框。在该对话框中，找到需要插入的图片，单击"插入"按钮，完成插入图片文件的操作。

② 在 Word 窗口中选中图片并右击，在弹出的快捷菜单中选择"大小和位置"选项，弹出"布局"对话框，如图 2-3-28 所示。在"文字环绕"选项卡中，设置环绕方式为"四周型"，单击"确定"按钮，完成图片格式的设置操作。

【范例2】 插入文本框。

1）插入文本框并在文本框中输入文字"The best way to predict the future is to invent it."，设置为 Arial 字体、五号、加粗。

美国著名的《连线》杂志，曾就一系列事物的发展前景向一批各自领域的专家征询。这些专家的看法可能有些武断，但令人欣赏地直奔主题。下面是他们对互联网所预言的另一张时间进程表：

2001 年，远程手术将十分普及，最好的医学专家可以为全世界的人诊断治疗疾病。

2001 年，《财富 500 家》上榜者中将出现一批"虚拟企业"。

2003 年，全球可视电话将支持更普通的"远程会议"，企业家将通过网络管理公司。

2003 年，"远程工作"将是更多的人主要的"上班"方式。

2007 年，光纤电缆广泛通向社区和家庭，"无限带宽"不再停留在梦想中。

2016 年，出现第一个虚拟大型公共图书馆，虚拟书架上堆满了虚拟书籍和资料。

这些预言中，还包括了所谓"食品药片""冷冻复活"等匪夷所思的言论。仅从与网络相关的预言看，人类全方位的"数字化生存"——包括工作、生活和学习等相当广泛的领域——都不是那么遥远。

这一张时间进度表究竟能不能如期兑现？阿伦·凯（A.Kay）首先提出，又被尼葛洛庞帝引用过的著名论断说得好："预测未来的最好办法就是把它创造出来。"当今的社会，预测再也不是消极地等待某个事实的出现，而是积极地促成这个事实。从这个意义上讲，创造和创新才是我们对 21 世纪电脑发展趋势最准确的预测，远胜过一切天才的预言。

—摘自《大师的预言》

图 2-3-27　示例 11

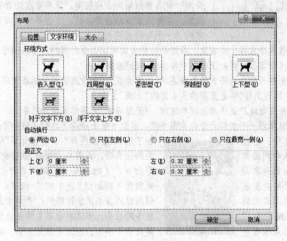

图 2-3-28　"布局"对话框

2）设置文本框外框线为 1 磅蓝色"方点"线型，在文本框中填充白色-深色 15%的底纹，将文本框置于文本中间，设置为"紧密型"环绕。

操作步骤如下。

1）单击"插入"选项卡"文本"选项组中的"文本框"下拉按钮，在弹出的下拉列表中选择"绘制文本框"选项，用随后出现的十字形鼠标指针在文本中间画出文本框，并在文本框中输入文字，并设置字体、字号。

2）将光标定位到文本框中，右击文本框边缘，在弹出的快捷菜单中选择"设置形状格式"选项，弹出"设置形状格式"对话框，如图 2-3-29 所示。在该对话框中进行文本框格式设置。

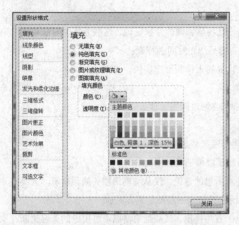

图 2-3-29 "设置形状格式"对话框

① 在"填充"选项卡中设置为纯色填充，并将颜色设置为"白色，背景 1，深色 15%"。

② 在"线型"选项卡中设置文本框外框线为 1 磅、"方点"线型。

③ 单击"关闭"按钮，完成文本框的设置操作。拖动文本框到合适位置，操作结果如图 2-3-30 所示。

3）与图片的文字环绕设置类似，设置文本框的环绕方式为"紧密型"。

【范例 3】 绘制由各种形状组成的流程图，如图 2-3-31 所示。

未来的互联网

The best way to predict the future is to invent it.

美国著名的《连线》杂志，曾就一系列事物的发展前景向一批各自领域的专家征询。这些专家的看法可能有些武断，但令人欣赏地直奔主题。下面是他们对互联网所预言的另一张时间进程表：

2001 年，远程手术将十分普及，最好的医学专家可以为全世界的人诊断治疗疾病。

2001 年，《财富 500 家》上榜者中将出现一批"虚拟企业"。

2003 年，全球可视电话将支持更普通的"远程会议"，企业家将通过网络管理公司。

2003 年，"远程工作"将是更多的人主要的"上班"方式。

2007 年，光纤电缆广泛通向社区和家庭，"无限带宽"不再停留在梦想中。

2016 年，出现第一个虚拟大型公共图书馆，虚拟书架上摆满了虚拟书籍和资料。

这些预言中，还包括的言论，仅从与网络相包括工作、生活和学习这一张时间进度表提出，又被尼葛洛庞帝法就是把它创造出来。"实的出现，而是积极地才是我们对 21 世纪电脑发展趋势最准确的预测，远胜过一切天才的预言。

括了所谓"食品药片""冷冻复活"等匪夷所思关的预言看，人类全方位的"数字化生存"——等相当广泛的领域—— 都不是那么遥远。究竟能不能如期兑现？阿伦·凯（A.Kay）首先引用过的著名论断说得好："预测未来的最好办当今的社会，预测再也不是消极地等待某个事促成这个事实。从这个意义上讲，创造和创新

—摘自《大师的预言》

图 2-3-30 示例 12

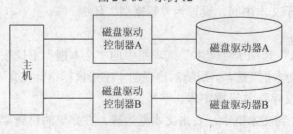

图 2-3-31 示例 13

绘制自选图形，需要使用"绘图工具"面板中的各种形状图形，包括基本形状、箭头、流程图等，操作步骤如下。

1）单击"插入"选项卡"插图"选项组中的"形状"下拉按钮，在弹出的下拉列表中选择一种形状，如选择矩形，绘制出一个形状图形。

2）单击绘制出的图形，出现"绘图工具"面板，单击"格式"选项卡"形状样式"选项组中的"形状填充""形状轮廓""形状效果"等按钮设置形状的格式，如图 2-3-32 所示。

图 2-3-32 "绘图工具"面板

如果后面的绘图需要使用设定图形的效果，则可以右击该图形，在弹出的快捷菜单中选择"设置为默认形状"选项。如果需要向图形中添加文字，则可以右击该图形，在弹出的快捷菜单中选择"添加文字"选项。

3）绘制各自选图形。

① 在"绘图工具"面板中，单击"格式"选项卡"插入形状"选项组中的"矩形"按钮，拖动鼠标在文档中画出矩形，并调整其大小和位置；再单击其中的"直线"按钮，拖动鼠标在文档中画出直线，并调整其大小和位置；再单击其中的"流程图：磁盘"按钮，拖动鼠标在文档中画出图形。

② 右击画出的图形，在弹出的快捷菜单中选择"添加文字"选项，向自选图形中添加内容。

③ 如果需要设置图形的格式，则右击该图形，在弹出的快捷菜单中选择"设置形状格式"选项，在"填充""线条颜色""线型"等选项卡中设置图形的各项参数。

④ 依次画出全部的图形，再调整位置，就可以得到图 2-3-31 所示的效果。

3. 实战练习

【练习】 在 D:\Word 文件夹中建立 Example5.docx，完成图 2-3-33 所示的图文混排文档。

操作提示：

1）插入竖排文本框，版式是"四周型"，线条为"无颜色"，填充颜色为"浅绿色"。

2）文本分为两栏，加分栏线。

3）插入图片素材"未名.jpg"，版式为"衬于文字下方"，并调整图片的亮度和对比度。

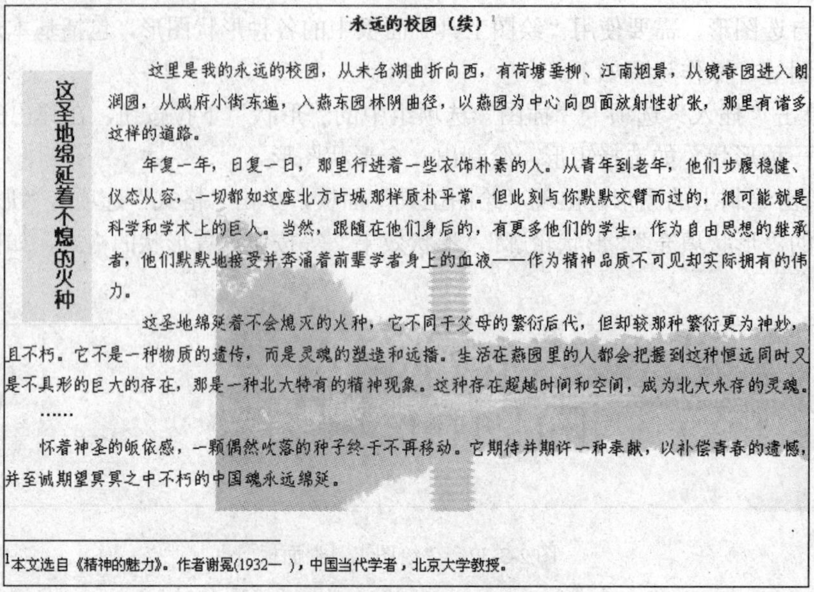

永远的校园（续）[1]

这圣地绵延着不熄的火种

这里是我的永远的校园，从未名湖曲折向西，有荷塘垂柳、江南烟景，从镜春园进入朗润园，从成府小街东迤，入燕东园林阴曲径，以燕园为中心向四面放射性扩张，那里有诸多这样的道路。

年复一年，日复一日，那里行进着一些衣饰朴素的人。从青年到老年，他们步履稳健、仪态从容，一切都如这座北方古城那样质朴平常。但此刻与你默默交臂而过的，很可能就是科学和学术上的巨人。当然，跟随在他们身后的，有更多他们的学生，作为自由思想的继承者，他们默默地接受并奔涌着前辈学者身上的血液——作为精神品质不可见却实际拥有的伟力。

这圣地绵延着不会熄灭的火种，它不同于父母的繁衍后代，但却较那种繁衍更为神妙，且不朽。它不是一种物质的遗传，而是灵魂的塑造和远播。生活在燕园里的人都会把握到这种恒远同时又是不具形的巨大的存在，那是一种北大特有的精神现象。这种存在超越时间和空间，成为北大永存的灵魂。

……

怀着神圣的皈依感，一颗偶然吹落的种子终于不再移动。它期待并期许一种奉献，以补偿青春的遗憾，并至诚期望冥冥之中不朽的中国魂永远绵延。

[1]本文选自《精神的魅力》。作者谢冕(1932—)，中国当代学者，北京大学教授。

图 2-3-33　示例 14

实验 5　复杂版式的设计

1. 实验目的

1）熟悉邮件合并操作。

2）学会使用公式编辑器编辑公式。

3）掌握目录的生成方法。

2. 实验范例

【范例 1】 邮件合并。在 Word 2010 中，可以通过邮件合并功能制作大量内容相同而个别名称不同的信函，可以有效地提高办公效率。邮件合并分为设置主文档、连接到数据源、选择收件人、向文档中插入域等步骤。

1）在 D:\Word 文件夹中，新建一个文档 youjian.docx，内容及格式如图 2-3-34 所示。

成绩通知单

同学：

你好！你在本学期期末考试中的各科考试成绩如下：

高等数学	英语	普物	C 语言

如有疑问，请发邮件至 question@tutu.com。

教务处

2017 年 12 月 7 日

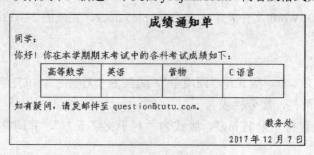

图 2-3-34　示例 15

2）以 youjian.docx 为主文档，以 D:\Word 文件夹中的"myword6.docx"（参见图 2-3-15，格式及内容见上机实践 3 中的实验 3）为数据源文档，进行邮件合并，将合并结果以 tongzhi.docx 为文件名保存在 D:\Word 文件夹中，保存主文档 youjian.docx。

邮件合并的操作步骤如下。

1）设置主文档。打开主文档 youjian.docx，单击"邮件"选项卡"开始邮件合并"选项组中的按钮完成邮件合并操作。单击"开始邮件合并"下拉按钮，在弹出的图 2-3-35 所示的下拉列表中选择"信函"选项。

2）连接到数据源。单击"选择收件人"下拉按钮，在弹出的下拉列表中选择"使用现有列表"选项，弹出"选取数据源"对话框，在"选取数据源"对话框中选择数据源文件 D:\Word\myword6.docx，如图 2-3-36 所示。

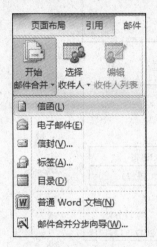

图 2-3-35　"开始邮件合并"
　　　　　下拉列表

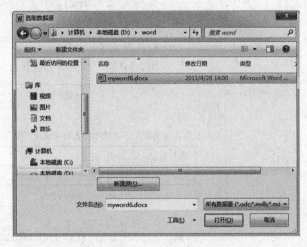

图 2-3-36　"选取数据源"对话框

3）选取收件人。单击"编辑收件人列表"按钮，弹出"邮件合并收件人"对话框，如图 2-3-37 所示。在"邮件合并收件人"对话框中选择全部或部分收件人后，单击"确定"按钮，完成选择收件人工作。

4）单击"编写和插入域"选项组中的按钮插入合并域。将光标定位到主文档的"同学："前面，单击"插入合并域"下拉按钮，在弹出的下拉列表中选择"姓名"选项，将"姓名"域插入正文中"同学："的前面。如此反复操作，将其他域插入主文档中合适的位置。域插入完成的主文档效果如图 2-3-38 所示。

5）预览和保存结果。在"预览结果"选项组中单击"预览结果"按钮后，可以通过单击按钮 《 或 》 预览合并效果。可在"完成"选项组中单击"完成并合并"按钮，完成"邮件合并"的操作。

6）将合并后的结果另存为文件 tongzhi.docx，保存主文档文件 youjian.docx。

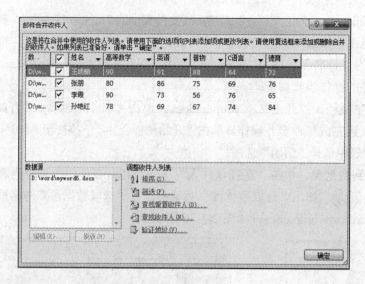

图 2-3-37　"邮件合并收件人"对话框

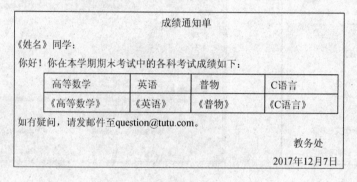

图 2-3-38　示例 16

【范例 2】　公式编辑器的使用。

在 D:\Word 文件夹中，新建一个文档 myword7.docx，输入公式：$\Phi(x) = \dfrac{1}{2}\displaystyle\int_0^x e^{-t}dt$。

操作步骤如下。

1）新建一个空白 Word 文档，单击"插入"选项卡"文本"选项组中的"对象"按钮，弹出如图 2-3-39 所示的"对象"对话框，在"对象类型"下拉列表框中选择"Microsoft 公式 3.0"选项，单击"确定"按钮，进入公式编辑状态，系统自动出现如图 2-3-40 所示的"公式"工具栏。利用该工具栏可完成公式编辑的操作。

2）进行公式编辑操作。

① 插入希腊字母 Φ：单击"公式"工具栏中"希腊字母（大写）"按钮 ΑΩ⊗，在弹出的下拉列表中选择字母"Φ"，再从键盘上输入"(x)="。

② 插入分式 1/2：单击"分式和根式模板"按钮 ▦√▯，在弹出的下拉列表中选择分式符号 ▦，在分子、分母位置分别输入 1、2。

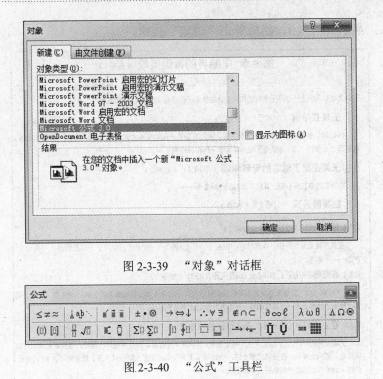

图 2-3-39 "对象"对话框

图 2-3-40 "公式"工具栏

③ 插入积分符号 $\int_0^x$：将光标定位到整个分式的右侧，单击"积分模板"按钮，在弹出的下拉列表中选择积分符号，在 $\int$ 符号的上、下方分别输入 x 和 0。

④ 插入 e^{-t}：将光标定位到 $\int$ 符号的右侧，输入 e，单击"下标和上标模板"按钮，在弹出的下拉列表中选择上标符号，输入上标 –t。

⑤ 将光标定位到 e^{-t} 的右侧，输入 dt。在公式编辑区之外单击即可完成公式的输入。

3）保存文档，文件名为 myword7.docx。

【范例 3】 目录编辑与排版。

1）在 D:\Word 目录下建立具有一级标题、二级标题、三级标题的文档 myword8.docx，内容及格式如图 2-3-41 所示。

2）在 myword8.docx 中，自动生成目录。

操作步骤如下。

1）新建和保存文档 myword8.docx。

① 启动 Word 2010 后，按图 2-3-41 输入文档。

② 根据图 2-3-41，单击"开始"选项卡"样式"选项组中的"其他"下拉按钮，在弹出的下拉列表中，将各节标题分别设置为"标题 1""标题 2"或"标题 3"。设置完标题样式后，还可以设置字体或字号等文字格式。

2）将光标定位到要插入目录的位置，单击"引用"选项卡"目录"选项组中的"目录"下拉按钮，在弹出的下拉列表中，选择"插入目录"选项，弹出"目录"对话框，如图 2-3-42 所示。在该对话框中选择"目录"选项卡，设置显示页码、页码右对齐，格式选择默认，显示级别为 3，然后单击"确定"按钮。

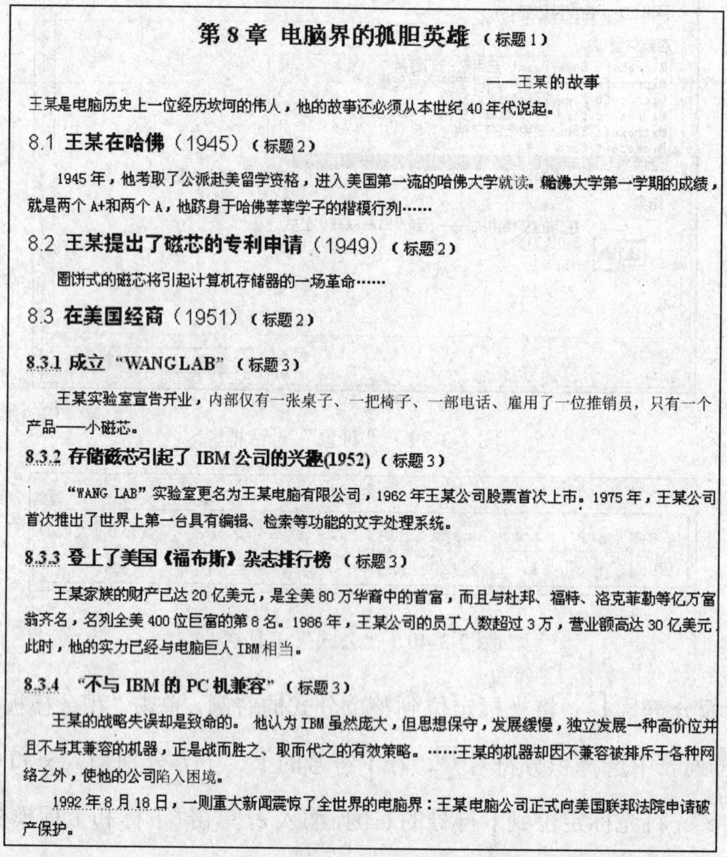

第 8 章 电脑界的孤胆英雄（标题 1）

——王某的故事

王某是电脑历史上一位经历坎坷的伟人，他的故事还须从本世纪 40 年代说起。

8.1 王某在哈佛（1945）（标题 2）

1945 年，他考取了公派赴美留学资格，进入美国第一流的哈佛大学就读。哈佛大学第一学期的成绩，就是两个 A+和两个 A，他跻身于哈佛莘莘学子的楷模行列……

8.2 王某提出了磁芯的专利申请（1949）（标题 2）

圆饼式的磁芯将引起计算机存储器的一场革命……

8.3 在美国经商（1951）（标题 2）

8.3.1 成立"WANG LAB"（标题 3）

王某实验室宣告开业，内部仅有一张桌子、一把椅子、一部电话、雇用了一位推销员，只有一个产品——小磁芯。

8.3.2 存储磁芯引起了 IBM 公司的兴趣(1952)（标题 3）

"WANG LAB"实验室更名为王某电脑有限公司，1962 年王某公司股票首次上市。1975 年，王某公司首次推出了世界上第一台具有编辑、检索等功能的文字处理系统。

8.3.3 登上了美国《福布斯》杂志排行榜（标题 3）

王某家族的财产已达 20 亿美元，是全美 80 万华裔中的首富，而且与杜邦、福特、洛克菲勒等亿万富翁齐名，名列全美 400 位巨富的第 8 名。1986 年，王某公司的员工人数超过 3 万，营业额高达 30 亿美元此时，他的实力已经与电脑巨人 IBM 相当。

8.3.4 "不与 IBM 的 PC 机兼容"（标题 3）

王某的战略失误却是致命的。他认为 IBM 虽然庞大，但思想保守，发展缓慢，独立发展一种高价位并且不与其兼容的机器，正是战而胜之、取而代之的有效策略。……王某的机器却因不兼容被排斥于各种网络之外，使他的公司陷入困境。

1992 年 8 月 18 日，一则重大新闻震惊了全世界的电脑界：王某电脑公司正式向美国联邦法院申请破产保护。

图 2-3-41　示例 17

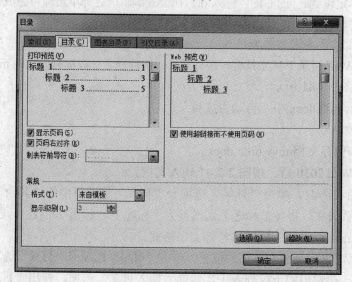

图 2-3-42　"目录"对话框

设置目录后的结果如图 2-3-43 所示。

图 2-3-43 示例 18

【范例 4】 完成图 2-3-44 所示内容，使用制表位控制文档格式。

日期	地点	工作内容	参加人员
12 月 1 日	人民广场	防火安全宣传	全体学生党员
12 月 12 日	地铁西安路出口	环保知识推广普及	08 级学生
11 年 2 月 5 日	西山校区	植树	自愿参加
3 月 3 日	第 4 教学楼前	义工自愿者报名	自愿参加

图 2-3-44 示例 19

操作步骤如下。

1）将光标定位到需要输入文字并设置制表位的位置。

2）单击"开始"选项卡"段落"选项组右下角的"段落"按钮，弹出"段落"对话框。在该对话框中单击左下角的"制表位"按钮，弹出"制表位"对话框，如图 2-3-45 所示。

图 2-3-45 "制表位"对话框

3）在"制表位位置"文本框中输入"2 字符"，选择对齐方式为"左对齐"，前导符默认设置为"无"，单击"设置"按钮；在"制表位位置"文本框中输入"12 字符"，选择对齐方式为"居中"对齐，单击"设置"按钮；在"制表位位置"文本框中输入"26字符"，选择对齐方式为"右对齐"，单击"设置"按钮；在"制表位位置"文本框中输入"28字符"，选择对齐方式为"左对齐"，单击"设置"按钮；添加制表位完成后，单击"确定"按钮，完成设置。

4）使用 Tab 键依次完成文档的输入。制表位是段落格式的一部分，它决定了每次按 Tab 键时光标定位到的位置和两个 Tab 键之间的对齐方式。Word 提供了 5 种制表位：左对齐、居中、右对齐、小数点对齐和竖线对齐。当制表设置完成后，标尺在相应位置上显示制表位和对齐方式。在很多外文文档中，使用制表位控制文本格式。

3. 实战练习

【练习】 输入公式 $\sin\dfrac{\alpha}{2} = \pm\sqrt{\dfrac{1-\cos\alpha}{2}}$。

上机实践 4　电子表格软件 Excel 2010

实验 1　工作表的基本操作

1. 实验目的

1）掌握 Excel 2010 工作表的创建和数据的输入方法。

2）熟悉工作表的基本编辑方法。

3）掌握使用公式和函数进行数据运算的方法。

4）掌握工作表的格式化方法。

2. 实验范例

【范例 1】启动 Excel 2010，在工作表 Sheet1 中输入图 2-4-1 所示的数据，并以 E1.xlsx 为文件名保存在 D:\Excel 文件夹中。

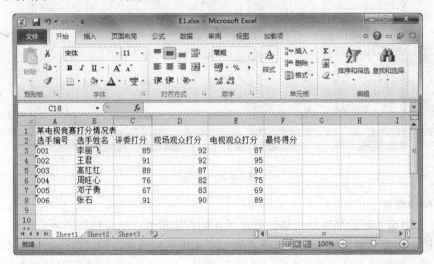

图 2-4-1　示例 1

操作步骤如下。

1）选择"开始"菜单中的"所有程序"选项，再选择"Microsoft Office"菜单中的"Microsoft Excel 2010"选项，启动 Excel 应用程序。

2）在工作表 Sheet1 中输入图 2-4-1 所示的数据。

① 输入选手编号如"001"时，系统自动将其转换为数值"1"。为了保留文本型数据，可以在输入数字前加上一个英文的单引号，将数值型的数据转换为文本型，即可得到"001"。

② 由于选手编号按照依次加 1 的顺序排列，因此在输入时可以利用自动填充功能。首先在单元格 A3、A4 中分别输入"001"和"002"，然后选中单元格区域 A3:A4，将鼠标指针置于填充柄（即单元格外围黑框右下角的黑色小方块）处，按住鼠标左键，向下拖动到单元格 A8，选手编号将依次填充。

③ 如果单元格宽度不足以容纳输入的内容，可以利用鼠标适当调整单元格宽度。方法是将鼠标指针置于列号之间的分割线处，鼠标指针呈细十字形状时，按住鼠标左键左右拖动并进行调整。

3）输入完成后，单击快速访问工具栏中的"保存"按钮，或者选择"文件"选项卡中的"保存"或"另存为"选项，将文件保存在指定的位置（D:\Excel 文件夹），并以 E1.xlsx 为文件名。

【范例 2】 在第 2 列和第 3 列之间插入一列，并在单元格 C3 中输入"性别"。在第 1 行和第 2 行之间插入一行，并在单元格 A2 中输入"比赛日期："，在单元格 B2 中输入"2017/5/1"，如图 2-4-2 所示。

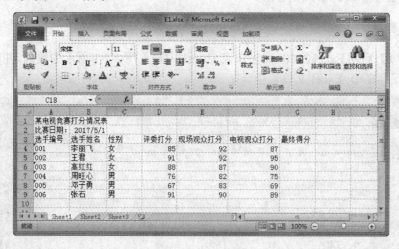

图 2-4-2 示例 2

操作步骤如下。

1）选中第 3 列的任意单元格，单击"开始"选项卡"单元格"选项组中的"插入"下拉按钮，在弹出的下拉列表中选择"插入工作表列"选项，即可在当前列的左侧插入一个新列，然后输入图 2-4-2 中所示的选手性别。输入时对于连续相同的文本数据，也可以使用自动填充功能。

2）选中第 2 行的任意单元格，单击"开始"选项卡"单元格"选项组中的"插入"下拉按钮，在弹出的下拉列表中选择"插入工作表行"选项，即可在当前行的上方插入一个新行，然后分别在单元格 A2、B2 中输入数据，如图 2-4-2 所示。

3）在输入比赛日期如"2017/5/1"时，可以输入"2017-5-1"或"2017/5/1"，系统将自动将其转换为日期格式。

【范例 3】 在每个选手的最终得分单元格（G4:G9）中计算出该选手的最终得分，最终得分=评委打分×40%+现场观众打分×20%+电视观众打分×40%，如图 2-4-3 所示。

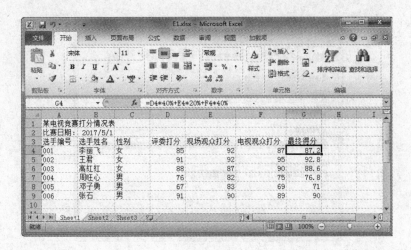

图 2-4-3　示例 3

操作步骤如下。

1）选中单元格 G4，然后在"编辑栏"中输入公式"=D4*40%+E4*20%+F4*40%"，按 Enter 键或单击✓按钮，在单元格 G4 中得到最终得分"87.2"。在公式中输入单元格地址时，只要在单元格上单击，其地址名称将自动输入公式中。

2）按住单元格 G4 的填充柄向下拖动，在 G5:G9 单元格中自动填充相应的计算结果。

【范例 4】　利用函数在单元格区域 D11:G11 中计算出选手每项得分的最高分，在单元格区域 D12:G12 计算出选手每项得分的平均分，如图 2-4-4 所示。

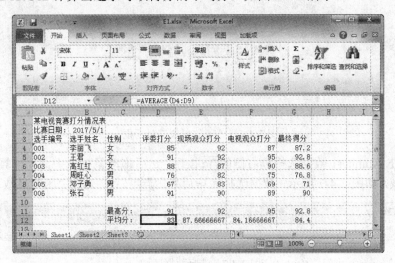

图 2-4-4　示例 4

操作步骤如下。

1）选中单元格 D11，单击"编辑栏"左侧的 *f* 按钮，或者单击"公式"选项卡"函数库"选项组中的"插入函数"按钮，弹出"插入函数"对话框，如图 2-4-5 所示。

图 2-4-5　"插入函数"对话框

2）选择函数所属类别为"常用函数"，然后在"选择函数"列表框中选择要使用的函数，这里选择"MAX"函数，单击"确定"按钮弹出"函数参数"对话框，如图 2-4-6 所示。也可在"公式"选项卡"函数库"选项组中选择所需要的函数，弹出"函数参数"对话框。

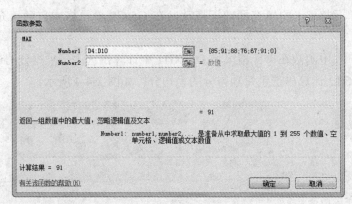

图 2-4-6　"函数参数"对话框

3）单击 Number1 数据选择框右侧的 按钮，然后拖动鼠标选中需要计算最大值的单元格区域，如图 2-4-7 所示，数据选择完毕后单击 按钮，返回"函数参数"对话框。

图 2-4-7　选择数据区域

4）在"函数参数"对话框中单击"确定"按钮，完成函数的输入，计算的结果显示在单元格 D11 中。

5）按住单元格 D11 的填充柄向右拖动，在单元格区域 E11:G11 中自动填充相应的计算结果。

　　6）利用 AVERAGE 函数在单元格区域 D12:G12 计算出各选手每项得分的平均分。

【范例 5】 在单元格 H3 中输入"与最高分之差"，在单元格区域 H4:H9 中计算出每个选手的最终得分与单元格 G11 单元格的最高分之差，如图 2-4-8 所示。

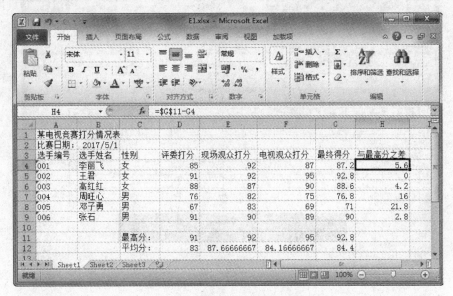

图 2-4-8　示例 5

操作步骤如下。

　　1）选中单元格 H4，在"编辑栏"中输入公式"=G11-G4"，按 Enter 键，完成计算。

　　2）按住单元格 H4 的拖动柄向下拖动，在单元格区域 H5:H9 中自动填充相应的计算结果。

> 　　在计算每个选手的最终得分与最高分之差时，公式中最高分所在的单元格 G11 数据应始终不变，为了避免使用自动填充复制公式时单元格地址自动变化，应将 G11 的地址设置为绝对引用，即将"G11"改为"G11"。

【范例 6】 对工作表 Sheet1 中的数据进行编辑和格式化。

　　1）将单元格 A2 和 B2 的内容分别移动到单元格 F2 和 G2。

　　2）将"选手姓名"列移动到"选手编号"列之前。

　　3）将第一行 A1:H1 合并为一个单元格，并设置单元格的水平对齐方式为居中，字体为华文彩云、20 号字。

　　4）设置单元格 G2 的日期格式为"2017 年 5 月 1 日"，设置单元格区域 G4:G9 及 D12:G12 的数据保留 1 位小数。

　　5）给单元格区域 A3:H9 设置边框线，外边框为双实线，内部为细实线。

　　6）设置最高分和平均分单元格区域 C11:G12 的格式，字体为黑体、14 号字、加粗；外边框为双实线，内部为虚线；单元格背景色为"蓝色"。

7）适当加宽第 2 行的行高，将第 3～12 行的行高设置为 20。

格式化结果如图 2-4-9 所示。

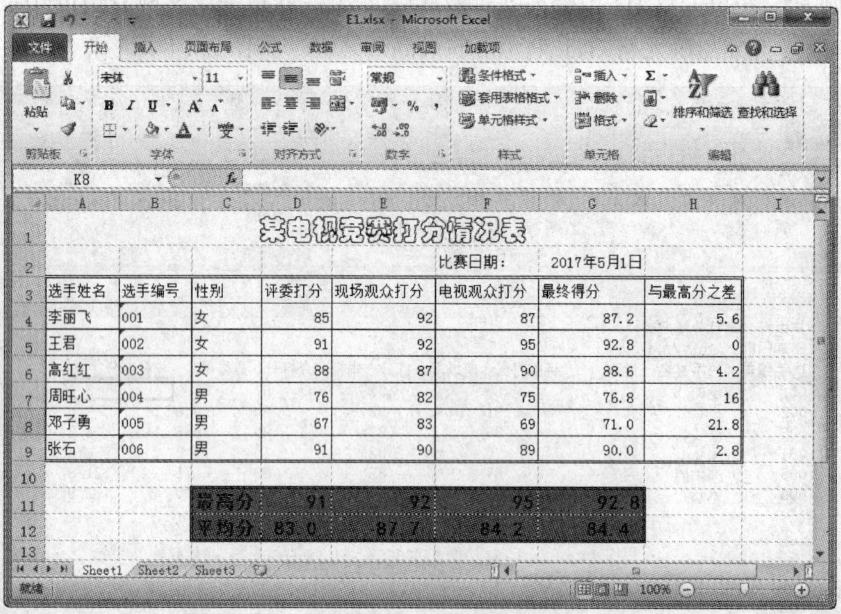

图 2-4-9　示例 6

操作步骤如下。

1）利用快捷菜单中的"剪切"选项和"粘贴"选项，将单元格 A2 和 B2 的数据分别移动到单元格 F2 和 G2。也可以选中单元格区域 A2:B2 后，将鼠标指针置于单元格外围的黑框处，当鼠标指针呈现十字箭头形状时，按住鼠标左键，将其拖动到单元格区域 F2:G2 处，实现数据的移动。

2）在"选手姓名"列顶部的列标题 B 处右击，在弹出的快捷菜单中选择"剪切"选项，然后在"选手编号"列顶部的列标题 A 上右击，在弹出的快捷菜单中选择"插入剪切的单元格"选项，即可将"选手姓名"列移动到"选手编号"列的前面。

> 在该范例中，要将 B 列数据移动到 A 列的前面，复制 B 列后，在 A 列上右击，在弹出的快捷菜单中选择"插入剪切的单元格"选项，而不能选择"粘贴"选项，否则 A 列数据将被 B 列数据覆盖。

3）选中单元格区域 A1:H1，单击"开始"选项卡"单元格"选项组中的"格式"下拉按钮，在弹出的下拉列表中选择"设置单元格格式"选项，弹出"设置单元格格式"对话框，选择"对齐"选项卡，在"水平对齐"下拉列表中选择"居中"选项，并选中"合并单元格"复选框，如图 2-4-10 所示。利用"字体"选项卡设置文字字体和字号等，设置完毕后单击"确定"按钮。

4）选中单元格 G2，单击"开始"选项卡"数字"选项组右下角的按钮，弹出"设置单元格格式"对话框，在"数字"选项卡的"分类"列表框中选择"日期"选项，设置日期格式。选中单元格区域 G4:G9 及 D12:G12，单击"开始"选项卡"数字"选项组右下角的按钮，弹出"设置单元格格式"对话框，如图 2-4-11 所示。在该对话框中的"数字"选项卡的"分类"列表框中选择"数值"选项，设置小数位数为 1。

图 2-4-10　设置单元格的对齐方式

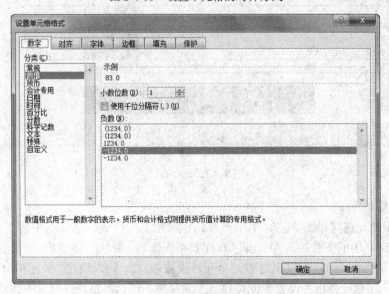

图 2-4-11　设置单元格的数字格式

5）选中单元格区域 A3:H9，在"设置单元格格式"对话框中选择"边框"选项卡。先选择线条样式为双实线，单击"外边框"按钮，完成外边框线设置；再选择线条样式为单实线，单击"内部"按钮，完成内边框线的设置。

6）选中单元格区域 C11:G12，在"设置单元格格式"对话框中选择"字体"选项卡，设置字体、字形和字号，在"边框"选项卡中设置内外边框，在"填充"选项卡中设置单元格背景色。

7）将鼠标指针置于工作表左侧行标题 2 和 3 之间的分隔线处，当鼠标指针呈现细十字形状时，按住鼠标左键，上下拖动，可以调整第 2 行的行高。在行标题上拖动鼠标选中第 3～12 行，单击"开始"选项卡"单元格"选项组中"格式"下拉按钮，在弹出的下拉列表中选择"行高"选项，在弹出的"行高"对话框中输入行高 20，单击"确定"按钮。完成格式化后的结果如图 2-4-9 所示。

【范例 7】 利用"条件格式"功能设置"最终得分"单元格区域 G4:G9 的数据格式。设置最终得分大于 90 的单元格背景色为绿色，介于 80～90 的单元格背景色为黄色，小于 80 的单元格背景色为红色，如图 2-4-12 所示。

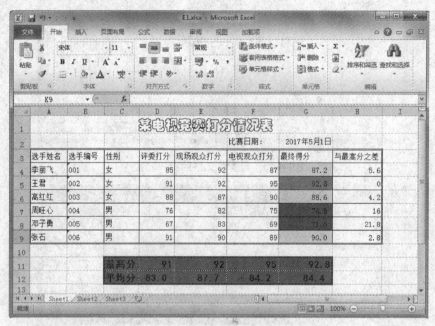

图 2-4-12　示例 7

操作步骤如下。

1）选中单元格区域 G4:G9，单击"开始"选项卡"样式"选项组中的"条件格式"下拉按钮，在弹出的下拉列表中选择"新建规则"选项，弹出"新建格式规则"对话框，选择规则类型为"只为包含以下内容的单元格设置格式"，输入规则"单元格值大于 90"，单击"格式"按钮，弹出"设置单元格格式"对话框，在"填充"选项卡中选择"绿色"，单击"确定"按钮，返回"新建格式规则"对话框，完成"最终得分大于 90 的单元格背景色为绿色"的条件格式设置，如图 2-4-13 所示。

2）按上述操作，弹出"新建格式规则"对话框，设置"最终得分介于 80～90 的单元格背景色为黄色"和"最终得分小于 80 的单元格背景色为红色"的条件格式，如图 2-4-14 所示。

图 2-4-13 设置条件格式　　　　　　　图 2-4-14 添加条件格式

【范例 8】 将工作表 Sheet1 中选手姓名、选手编号、性别及最终得分数据（即单元格区域 A3:C9 及 G3:G9 的内容）复制到工作表 Sheet2 中的单元格区域 A1:D7，要求只复制数据，不复制单元格格式，然后将"性别"列删除，如图 2-4-15 所示。

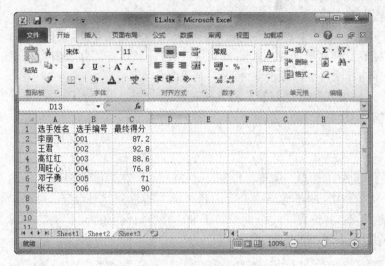

图 2-4-15 示例 8

操作步骤如下。

1）在工作表 Sheet1 中选中单元格区域 A3:C9 及 G3:G9 并右击，在弹出的快捷菜单中选择"复制"选项。

2）在工作表 Sheet2 中的单元格 A1 上右击，在弹出的快捷菜单中选择"粘贴选项"菜单中的"值"选项。也可在快捷菜单中选择"选择性粘贴"选项，在弹出的"选择性粘贴"对话框中选中"数值"单选按钮，如图 2-4-16 所示，将所选单元格的数值复制到 Sheet2 中。

3）在工作表 Sheet2 中选中单元格区域 C1:C7，单击"开始"选项卡"单元格"选项组中的"删除"下拉按钮，在弹出的下拉列表中选择"删除单元格"选项，在弹出的"删除"对话框中选中"右侧单元格左移"单选按钮，单击"确定"按钮，删除所选的单元格。也可以选中整个 C 列并右击，在弹出的快捷菜单中选择"删除"选项，删除整列。

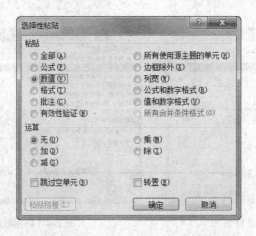

图 2-4-16　"选择性粘贴"对话框

【范例 9】　将工作表 Sheet1 重命名为"得分表"，将工作表 Sheet2 重命名为"结果表"，并将"结果表"移动到"得分表"的前面。

操作步骤如下。

1）在工作表 Sheet1 名称标签处右击，在弹出的快捷菜单中选择"重命名"选项，此时工作表标签反黑显示，输入新名称"得分表"，然后在工作表窗口任意位置单击即可。采用同样的方法将 Sheet2 重命名为"结果表"。

2）单击"结果表"名称标签，将其用鼠标拖动到"得分表"名称标签的前面，实现工作表的移动。

3. 实战练习

【练习 1】　建立 Excel 工作簿文件 Exercise1.xlsx，在工作表 Sheet1 中输入图 2-4-17 所示的数据，并在相应的单元格中计算出每个学生的总分、平均分、总评、单科最高分和单科不及格人数；并设置平均分大于等于 80 分的总评结果为"优秀"，其余的均为"一般"；设置平均分保留 1 位小数。

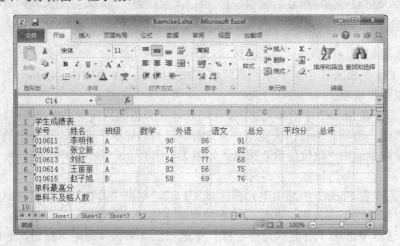

图 2-4-17　示例 9

操作提示：

1）可以使用 SUM 和 AVERAGE 函数计算总分和平均分，也可以使用公式计算。

2）使用 IF 函数计算总评，使用 MAX 函数计算单科最高分，使用 COUNTIF 函数计算单科不及格人数。在单元格 I3 中计算总评时，插入的函数参数如图 2-4-18 所示。在单元格 D9 中计算"数学"的单科不及格人数时，函数参数如图 2-4-19 所示。

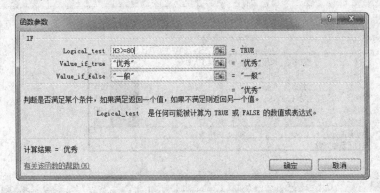

图 2-4-18 使用 IF 函数计算总评

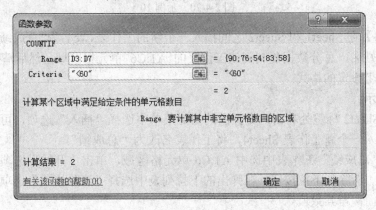

图 2-4-19 使用 COUNTIF 函数计算单科不及格人数

【练习2】 对工作表 Sheet1 中的数据进行编辑和格式化。

1）在第 1 行和第 2 行之间插入 1 行，在单元格 G2 中输入日期。

2）合并 A1:I1 单元格区域，并设置水平对齐方式为"居中"，垂直对齐方式为"居中"，设置字体为隶书、18 号、绿色。

3）设置"平均分"单元格区域 H4:H8 的格式，平均分介于 60～70 的单元格背景色为绿色，介于 70～80 的单元格背景色为淡紫色，大于 80 的单元格背景色为橙色。

4）将单元格区域 A3:I10 的外框线设置为粗实线、黑色，内框线设置为细实线、金色，"单科最高分"一行的上框线设置为红色双实线。

5）设置第 3～10 行的行高为 18，自动调整 A～I 列的列宽使其恰好容纳单元格内容。

格式化后的工作表 Sheet1 如图 2-4-20 所示。

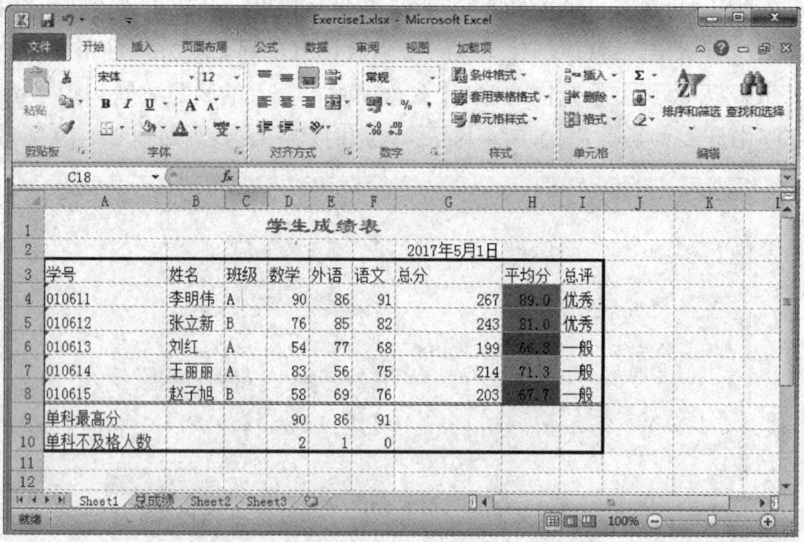

图 2-4-20　示例 10

【练习 3】在 Sheet1 和 Sheet2 之间插入一个新的工作表，表名为"总成绩"，将 Sheet1 中的学号、姓名、总分数据复制到该工作表的 A1:C6 单元格区域，然后清除在 A1:C6 单元格区域上设置的格式。

操作提示：

1）在 Sheet2 标签处右击，在弹出的快捷菜单中选择"插入"选项，可以在当前工作表之前插入一个新工作表 Sheet4，将工作表名改为"总成绩"。

2）在"总成绩"工作表中选中 A1:C6 单元格区域，单击"开始"选项卡"编辑"选项组中的"清除"下拉按钮，在弹出的下拉列表中选择"清除格式"选项，清除单元格的格式，而保留其数值。

实验 2　图 表 处 理

1. 实验目的

1）掌握嵌入式图表和独立图表的创建过程。
2）掌握图表的编辑方法。
3）掌握图表的格式化方法。

2. 实验范例

【范例 1】建立 Excel 工作簿 E2.xlsx，保存在 D:\Excel 文件夹中。在 E2.xlsx 中完成如下操作。

1）将实验 1 建立的 E1.xlsx 中"得分表"A3:G9 单元格区域的数据复制到 E2.xlsx

的 Sheet1 工作表中，只复制数值，去掉数据格式。

2）在 E2.xlsx 的工作表 Sheet1 中建立图表。根据选手姓名、评委打分、现场观众打分、电视观众打分及最终得分数据，建立三维簇状柱形图。

3）删除"最终得分"列数据。

4）切换行、列数据，使 X 轴数据为各项打分情况，Y 轴数据为选手姓名。

5）更改图表类型为"簇状圆柱图"。

建立完毕的图表如图 2-4-21 所示。

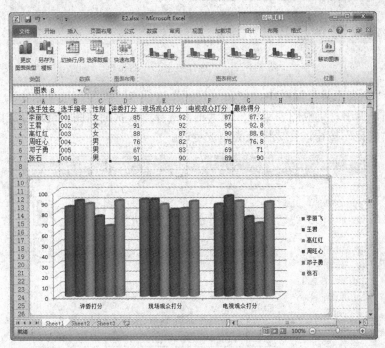

图 2-4-21　示例 11

操作步骤如下。

1）打开 E1.xlsx，复制"得分表"A3:G9 单元格区域的数据。新建工作簿 E2.xlsx，将复制的数据粘贴到 E2.xlsx 的 Sheet1 工作表中，粘贴时，在"粘贴选项"中选择"值"选项。

2）在 E2.xlsx 的 Sheet1 工作表中，选中作为图表数据源的数据区域 A1:A7 及 D1:G7，单击"插入"选项卡"图表"选项组的某种图表类型按钮，即可在当前工作表中创建相应的图表，这里选择建立"三维簇状柱形图"。

3）单击选中图表，在出现的"图表工具"面板中，单击"设计"选项卡"数据"选项组中的"选择数据"按钮，弹出"选择数据源"对话框，在此对话框中可以重新选择图表数据源、添加或删除数据系列。选择数据系列"最终得分"选项，单击"删除"按钮，如图 2-4-22 所示，单击"确定"按钮，删除图表上的"最终得分"列数据。

4）在"图表工具"面板中，单击"设计"选项卡"数据"选项组中的"切换行/列"按钮，交换 X 轴和 Y 轴上的数据，使 X 轴数据为各项打分情况，Y 轴数据为选手姓名。

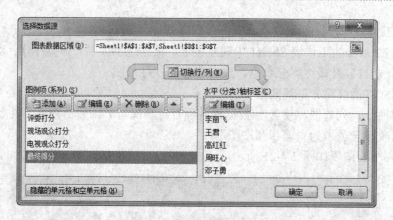

图 2-4-22　"选择数据源"对话框

5）在"图表工具"面板中，单击"设计"选项卡"类型"选项组中的"更改图表类型"按钮，弹出"更改图表类型"对话框，选择"簇状圆柱图"选项，如图 2-4-23 所示，单击"确定"按钮，完成图表类型的更改。

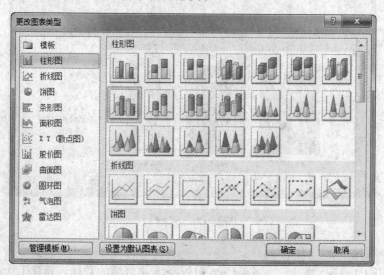

图 2-4-23　"更改图表类型"对话框

6）适当放大图表，并将图表移动到工作表的合适位置。建立完毕的图表如图 2-4-21 所示。

【范例 2】　对工作表 Sheet1 中建立的图表完成如下编辑操作。

1）在图表区顶部添加图表标题"某电视竞赛打分情况表"。

2）将图表标题格式设置为黑体、20 号字。

3）将图例移动到图表区的底部，设置图例边框为"蓝色、实线"边框，设置图例阴影样式为"右下斜偏移"。

4）将纵坐标轴的主要刻度单位更改为 20。

5）为图表中"张石"的数据系列添加数据标签，使该系列上显示选手各项得分值。

6）将图表区的填充效果设置为"画布"纹理。

操作步骤如下。

1）在"图表工具"面板中，单击"布局"选项卡"标签"选项组中的"图表标题"下拉按钮，在弹出的下拉列表中选择"图表上方"选项，在图表区顶部添加"图表标题"区域，输入标题内容"某电视竞赛打分情况表"。

2）选中"图表标题"区并右击，在弹出的快捷工具栏中设置字体为黑体、20 号字。

3）双击"图例"区域，弹出"设置图例格式"对话框，在"图例选项"选项卡中选择图例位置为"底部"，在"边框颜色"选项卡中设置边框为"实线"、颜色为"蓝色"，在"阴影"选项卡的"预设"下拉列表中选择阴影样式为"右下斜偏移"。

编辑图表时，首先要明确图表中的各个对象。图表中的主要对象有图表区、绘图区、坐标轴、图表标题、图例、数据系列等，如图 2-4-24 所示。

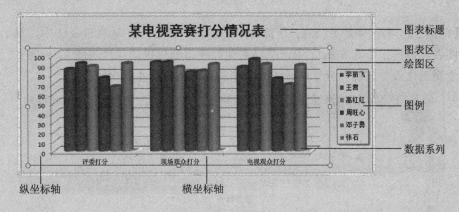

图 2-4-24　图表的主要对象

不同图表对象的编辑方法如下。

1）通过"图表工具"面板中"布局"选项卡中的按钮完成相应图表对象的编辑操作。

2）选中要编辑的对象并右击，通过快捷菜单中的选项完成相应图表对象的编辑操作。

3）在各图表对象上双击，弹出"格式设置"对话框，完成图表对象的编辑操作。

4）双击纵坐标轴，弹出"设置坐标轴格式"对话框，在"坐标轴选项"选项卡中设置主要刻度单位为固定值 20。

5）选中"张石"数据系列，在"图表工具"面板中，单击"布局"选项卡"标签"选项组中的"数据标签"下拉按钮，在弹出的下拉列表中选择"显示"选项，在"张石"数据系列上显示选手的各项得分值。

6）双击图表区，弹出"设置图表区格式"对话框，在"填充"选项卡中选中"图片或纹理填充"单选按钮，然后在"纹理"下拉列表中选择"画布"纹理。

编辑完毕的图表如图 2-4-25 所示。

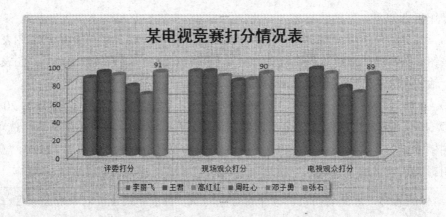

图 2-4-25　编辑完毕的图表

【范例3】　将工作簿 E2.xlsx 的 Sheet1 工作表中的数据复制到 Sheet2 中，然后建立独立图表。根据工作表 Sheet2 中选手姓名和最终得分数据建立"饼图"，将建立好的图表置于新工作表"最终得分"中。建立完毕的图表如图 2-4-26 所示。

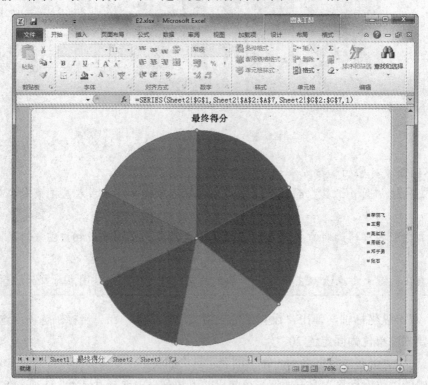

图 2-4-26　示例 12

操作步骤如下。

1）在工作表 Sheet2 中选中作为图表源数据的数据区域 A1:A7 及 G1:G7，单击"插入"选项卡"图表"选项组中的"饼图"按钮，在当前工作表 Sheet2 中建立二维饼图。

2）选中饼图，在"图表工具"面板中，单击"设计"选项卡"位置"选项组中的"移动图表"按钮，弹出"移动图表"对话框，选中"新工作表"单选按钮，输入工作表名称"最终得分"，如图 2-4-27 所示。单击"确定"按钮，完成独立图表的创建，如图 2-4-26 所示。

图 2-4-27 "移动图表"对话框

3. 实战练习

【练习 1】 建立 Excel 工作簿 Exercise2.xlsx，将实验 1 建立的 Exercise1.xlsx 中工作表 Sheet1 的 A3:G8 单元格区域的数据复制到 Exercise2.xlsx 的 Sheet1 工作表中，只复制数值，不复制数据格式，然后在 Exercise2.xlsx 的工作表 Sheet1 中建立图表。根据学生的姓名及数学、外语、语文成绩在当前工作表中建立簇状柱形图，设置 X 轴为科目名称，图表标题为"期末成绩"。建立完毕的图表如图 2-4-28 所示。

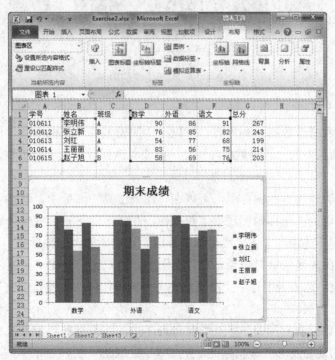

图 2-4-28 示例 13

操作提示：

建立图表时默认的 X 轴数据为姓名。在"图表工具"面板中，单击"设计"选项卡"数据"选项组中的"切换行/列"按钮，交换 X 轴和 Y 轴上的数据，使 X 轴数据为科目名称，Y 轴数据为姓名。

【练习 2】 对工作表 Sheet1 中建立的图表完成如下编辑操作。

1）将图表中"张立新"和"赵子旭"的数据系列删除，将"王丽丽"和"刘红"的数据系列次序互换。

2）为图表中"李明伟"的数据系列添加数据标签，在该系列中部显示各科成绩值。

3）为图表添加横坐标轴标题为"科目"，纵坐标轴标题为"成绩"。

4）将图表标题格式设置为华文行楷、20 号字。

5）将图表区设置为渐变填充，填充效果为预设颜色"雨后初晴"。

编辑完毕的图表如图 2-4-29 所示。

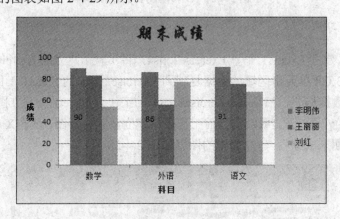

图 2-4-29　编辑完毕的图表

操作提示：

1）要删除和修改数据系列内容，可以在"图表工具"面板中，单击"设计"选项卡"数据"选项组中的"选择数据"按钮，弹出"选择数据源"对话框，编辑数据系列的内容。

2）要为图表添加坐标轴标题，可以在"图表工具"面板中，单击"布局"选项卡"标签"选项组中的"坐标轴标题"下拉按钮，在弹出的下拉列表中分别通过选择"主要横坐标轴标题"选项和"主要纵坐标轴标题"选项添加坐标轴标题。

3）要设置图表区的填充效果，可以在图表区中双击，弹出"设置图表区格式"对话框，在"填充"选项卡中选中"渐变填充"单选按钮，在"预设颜色"下拉列表中选择"雨后初晴"效果。

【练习 3】 建立独立图表。将工作表 Sheet1 中的数据复制到 Sheet2 中，根据工作表 Sheet2 中学生的姓名及总分数据建立"分离型三维饼图"，并将图表放置在新工作表"总分"中，如图 2-4-30 所示。

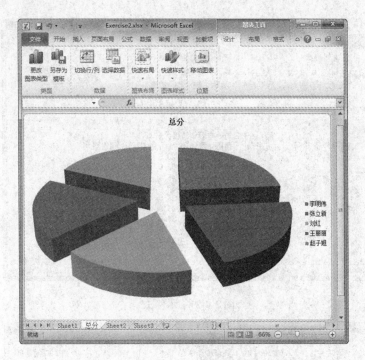

图 2-4-30　示例 14

实验 3　数据管理

1. 实验目的

1）掌握数据的排序和筛选方法。
2）掌握数据的分类汇总方法。
3）了解数据透视表的建立方法。

2. 实验范例

【范例 1】　在 D:\Excel 文件夹中建立 Excel 工作簿 E3.xlsx，并在工作表 Sheet1 中输入图 2-4-31 所示数据。将工作表 Sheet1 中的数据复制到 Sheet2 中，对 Sheet2 中的数据进行排序，排序方式为先按照书号升序排序，书号相同时再按照销售额降序排序。

操作步骤如下。

1）建立工作簿 E3.xlsx，在工作表 Sheet1 中输入图 2-4-31 所示数据并将其复制到 Sheet2 中。

2）在工作表 Sheet2 中，选中 A2:G11 单元格区域，单击"数据"选项卡"排序和筛选"选项组中的"排序"按钮，弹出"排序"对话框，如图 2-4-32 所示。

3）在"排序"对话框中，设置主要关键字为"书号"升序，单击"添加条件"按钮添加次要关键字，设置次要关键字为"销售额"降序。

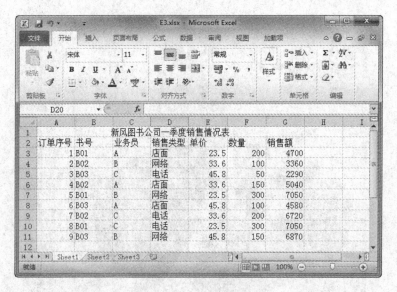

图 2-4-31　示例 15

图 2-4-32　设置排序方式

4）由于选中的数据清单区域中包含标题行，因此选中"数据包含标题"复选框，单击"确定"按钮，完成排序。

【范例 2】　对工作表 Sheet2 中的数据进行自动筛选，筛选出电话销售的图书中销售数量大于等于 200 的记录。

操作步骤如下。

1）在数据清单区域中选中任意一个单元格，单击"数据"选项卡"排序和筛选"选项组中的"筛选"按钮，则会在标题行的每个单元格右侧均显示一个自动筛选按钮。

2）单击"销售类型"单元格的自动筛选按钮，在弹出的下拉列表中选中"电话"复选框，如图 2-4-33 所示。

3）单击"数量"单元格的自动筛选按钮，在弹出的下拉列表中选择"数字筛选"中的"大于或等于"选项或"自定义筛选"选项，弹出"自定义自动筛选方式"对话框，设置筛选条件为"大于或等于 200"，如图 2-4-34 所示。然后单击"确定"按钮，自动筛选的结果如图 2-4-35 所示。

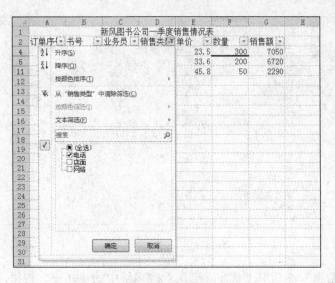

图 2-4-33　选择筛选的数据条件

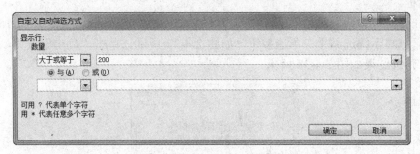

图 2-4-34　"自定义自动筛选方式"对话框

	A	B	C	D	E	F	G	H
1			新风图书公司一季度销售情况表					
2	订单序	书号	业务员	销售类	单价	数量	销售额	
4	8	B01	C	电话	23.5	300	7050	
6	7	B02	C	电话	33.6	200	6720	
12								

图 2-4-35　自动筛选的结果

> 　　数据筛选是将不符合条件的记录隐藏起来，而没有将其删除。单击"数据"选项卡"排序和筛选"选项组中的"清除"按钮可以清除筛选，显示全部数据。要取消数据筛选，只要再次单击"数据"选项卡"排序和筛选"选项组中的"筛选"按钮即可。

　　【范例3】　将工作表 Sheet1 中的数据复制到 Sheet3 中，对 Sheet3 中的数据进行高级筛选。

　　1）筛选出网络销售的图书中，销售数量大于等于 100 且小于等于 200 的记录。

　　2）筛选出销售数量大于等于 300 或销售额大于等于 5 000 的记录。

　　操作步骤如下。

　　1）在工作表 Sheet3 中建立条件区域，如图 2-4-36 所示。

	A	B	C	D	E	F	G	H
1				新风图书公司一季度销售情况表				
2	订单序号	书号	业务员	销售类型	单价	数量	销售额	
3	1	B01	A	店面	23.5	200	4700	
4	2	B02	B	网络	33.6	100	3360	
5	3	B03	C	电话	45.8	50	2290	
6	4	B02	A	店面	33.6	150	5040	
7	5	B01	B	网络	23.5	300	7050	
8	6	B03	A	店面	45.8	100	4580	
9	7	B02	C	电话	33.6	200	6720	
10	8	B01	C	电话	23.5	300	7050	
11	9	B03	B	网络	45.8	150	6870	
12								
13								
14		销售类型	数量	数量				
15		网络	>=100	<=200				
16								

图 2-4-36　建立条件区域

2）单击"数据"选项卡"排序和筛选"选项组中的"高级"按钮，弹出"高级筛选"对话框。

3）在"高级筛选"对话框中选择列表区域 A2:G11，选择条件区域 B14:D15，选中"在原有区域显示筛选结果"单选按钮，如图 2-4-37 所示，单击"确定"按钮，完成高级筛选。筛选结果如图 2-4-38 所示。

图 2-4-37　设置高级筛选

	A	B	C	D	E	F	G	H
1				新风图书公司一季度销售情况表				
2	订单序号	书号	业务员	销售类型	单价	数量	销售额	
4	2	B02	B	网络	33.6	100	3360	
11	9	B03	B	网络	45.8	150	6870	
12								
13								
14		销售类型	数量	数量				
15		网络	>=100	<=200				
16								

图 2-4-38　高级筛选的结果

4）单击"数据"选项卡"排序和筛选"选项组中的"清除"按钮，清除筛选，恢复显示原有数据。再次使用高级筛选功能筛选出销售数量大于等于 300 或销售额大于等于 5 000 的记录。建立的条件区域和筛选结果如图 2-4-39 所示。

	A	B	C	D	E	F	G	H
1				新风图书公司一季度销售情况表				
2	订单序号	书号	业务员	销售类型	单价	数量	销售额	
6	4	B02	A	店面	33.6	150	5040	
7	5	B01	B	网络	23.5	300	7050	
9	7	B02	C	电话	33.6	200	6720	
10	8	B01	C	电话	23.5	300	7050	
11	9	B03	B	网络	45.8	150	6870	
12								
13								
14		数量		销售额				
15		>=300						
16				>=5000				
17								

图 2-4-39　条件区域和高级筛选结果

【范例 4】　建立新工作表 Sheet4，将工作表 Sheet1 中的数据复制到 Sheet4 中，对 Sheet4 中的数据进行分类汇总。汇总出各种销售类型的销售数量和销售额的总和。

操作步骤如下。

1）对数据清单中的数据按照关键字"销售类型"进行排序。

2）在数据清单区域中选中任意一个单元格，单击"数据"选项卡"分级显示"选项组中的"分类汇总"按钮，弹出"分类汇总"对话框。

3）在"分类汇总"对话框中设置分类字段为"销售类型"，汇总方式为"求和"，选定汇总项"数量"和"销售额"，如图 2-4-40 所示。单击"确定"按钮，完成分类汇总，分类汇总结果如图 2-4-41 所示。

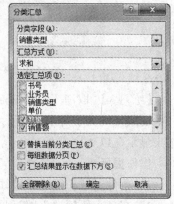

图 2-4-40　设置分类汇总选项

1 2 3		A	B	C	D	E	F	G	H
	1				新风图书公司一季度销售情况表				
	2	订单序号	书号	业务员	销售类型	单价	数量	销售额	
	3	3	B03	C	电话	45.8	50	2290	
	4	7	B02	C	电话	33.6	200	6720	
	5	8	B01	C	电话	23.5	300	7050	
	6				电话 汇总		550	16060	
	7	1	B01	A	店面	23.5	200	4700	
	8	4	B02	A	店面	33.6	150	5040	
	9	6	B03	A	店面	45.8	100	4580	
	10				店面 汇总		450	14320	
	11	2	B02	B	网络	33.6	100	3360	
	12	5	B01	B	网络	23.5	300	7050	
	13	9	B03	B	网络	45.8	150	6870	
	14				网络 汇总		550	17280	
	15				总计		1550	47660	
	16								

图 2-4-41　分类汇总结果

3.　实战练习

【练习 1】　建立 Excel 工作簿 Exercise3.xlsx，将实验 1 建立的 Exercise1.xlsx 中工作表 Sheet1 的 A3:G8 单元格区域数据复制到 Exercise3.xlsx 中的 Sheet1 工作表中，只复制

数值，不复制数据格式。对 Exercise3.xlsx 的工作表 Sheet1 中的数据按照班级排序，A 班在前，B 班在后，班级相同的按照总分从高到低排序。

【练习2】 筛选出 A 班学生语文成绩大于等于 60，并且小于 90 的记录。

操作提示：使用自动筛选功能，单击"语文"单元格的自动筛选按钮，在弹出的下拉列表中选择"数据筛选"中的"介于"选项或"自定义筛选"选项，弹出"自定义自动筛选方式"对话框，设置筛选条件，如图 2-4-42 所示。注意：两个条件使用"与"连接。

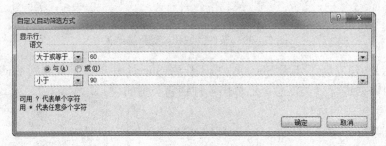

图 2-4-42 "自定义自动筛选方式"对话框

【练习3】 取消工作表 Sheet1 中的自动筛选，利用高级筛选功能，筛选出 A 班数学和语文成绩均大于等于 90 分，或者数学和语文成绩均小于 60 分的学生记录，并使筛选结果显示在以 A14 开始的单元格区域中。

操作提示：

1）条件区域和筛选结果如图 2-4-43 所示。

2）在"高级筛选"对话框中设置列表区域、条件区域及筛选结果的保存位置，如图 2-4-44 所示。

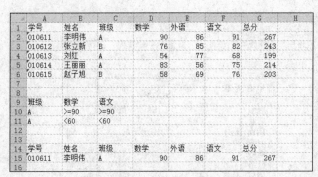

图 2-4-43 条件区域和筛选结果 　　　　图 2-4-44 "高级筛选"
　　　　　　　　　　　　　　　　　　　　　　对话框

【练习4】 将工作表 Sheet1 中 A1:G6 单元格区域的数据复制到 Sheet2 中，然后对工作表 Sheet2 中的数据进行分类汇总。汇总出 A 班和 B 班学生各门课程的平均成绩，不包括总分。在原有分类汇总的基础上，再汇总出 A 班和 B 班的人数。

操作提示：

1）分类汇总前应先对数据清单区域按照分类字段"班级"进行排序。

2）汇总 A 班和 B 班的人数时，在"分类汇总"对话框的汇总方式中选择"计数"选项，在"选定汇总项"下拉列表框中选择"学号"选项，取消选中"替换当前分类汇总"复选框，如图 2-4-45 所示。

3）分类汇总后的结果如图 2-4-46 所示。

图 2-4-45　设置分类汇总选项

1 2 3 4		A	B	C	D	E	F	G	H
	1	学号	姓名	班级	数学	外语	语文	总分	
	2	010611	李明伟	A	90	86	91	267	
	3	010613	刘红	A	54	77	68	199	
	4	010614	王丽丽	A	83	56	75	214	
	5		3		A 计数					
	6			A 平均值	75.66667	73	78		
	7	010612	张立新	B	76	85	82	243	
	8	010615	赵子旭	B	58	69	76	203	
	9		2		B 计数					
	10			B 平均值	67	77	79		
	11		5		总计数					
	12			总计平均值	72.2	74.6	78.4		
	13								

图 2-4-46　分类汇总后的结果

上机实践 5 演示文稿软件 PowerPoint 2010

实验 1 演示文稿的创建与编辑

1. 实验目的

1）掌握演示文稿建立的基本过程。

2）掌握演示文稿的编辑和格式化方法。

2. 实验范例

【范例 1】 启动 PowerPoint 2010，利用"空演示文稿"建立一个介绍"第五届青苹果杯校园 PPT 大赛"的演示文稿，并以 P1.pptx 为文件名保存在 D:\PPT 文件夹中，如图 2-5-1 所示。

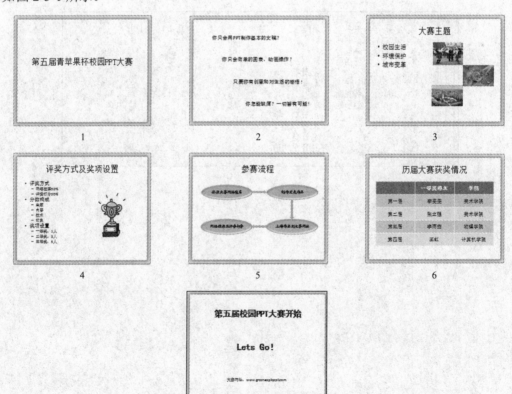

图 2-5-1 示例 1

操作步骤如下。

1）单击"开始"按钮，选择"所有程序"选项，再选择"Microsoft Office"菜单中的"Microsoft PowerPoint 2010"选项，启动 PowerPoint 2010，打开一个只有一张空白幻灯片的演示文稿。也可在 PowerPoint 窗口中单击"文件"选项卡"新建"选项组中的"空白演示文稿"按钮来建立演示文稿。将演示文稿以 P1.pptx 为文件名保存在 D:\PPT 文件夹中。

2）选中第 1 张幻灯片，单击"开始"选项卡"幻灯片"选项组中的"版式"下拉按钮，在弹出的"Office 主题"下拉列表中选择"标题幻灯片"版式，如图 2-5-2 所示，将"标题幻灯片"版式应用在当前幻灯片上。然后在标题区域输入标题内容"第五届青苹果杯校园 PPT 大赛"。

图 2-5-2 选择幻灯片版式

3）单击"开始"选项卡"幻灯片"选项组中的"新建幻灯片"下拉按钮，在弹出的"Office 主题"下拉列表中选择某个幻灯片版式，即可按所选的版式插入幻灯片。

4）插入第 2 张幻灯片并设置其为"空白"版式。在幻灯片上插入 4 个文本框，分别输入大赛宣传语。

5）插入第 3 张幻灯片并设置其为"标题和内容"版式。在标题区域和文本区域输入大赛主题内容。通过单击"插入"选项卡"图像"选项组中的"图片"按钮，插入 3 张代表大赛主题的图片。

6）插入第 4 张幻灯片并设置其为"两栏内容"版式。在标题区域和左侧内容区域输入评奖方式及奖项设置情况，在右侧内容区域单击"剪贴画"或"插入来自文件的图片"按钮，插入一张剪贴画或图片。

7）插入第 5 张幻灯片并设置其为"仅标题"版式。在标题区域输入"参赛流程"。利用"开始"选项卡"绘图"选项组中的按钮，在幻灯片上制作表示参赛流程的示意图。

① 单击"绘图"选项组中的"椭圆"按钮，在幻灯片上绘制一个椭圆形。

　　② 单击"绘图"选项组中的"形状填充"按钮，在列表中选择"浅绿"颜色作为椭圆形的填充色。

　　③ 单击"绘图"选项组中的"形状轮廓"按钮，为图形的轮廓设置颜色、线条等，这里选择"无轮廓"。

　　④ 单击"绘图"选项组中的"形状效果"按钮，设置图形的各种效果，这里设置为"棱台"中的"柔圆"效果。

　　⑤ 在椭圆形上右击，在弹出的快捷菜单中选择"编辑文字"选项，在椭圆形中输入大赛各项流程的文字说明。

　　⑥ 通过"绘图"选项组中的"箭头"按钮，在幻灯片上绘制箭头图形，给箭头填充颜色"浅绿"和"无轮廓"。

> 　　通过"插入"选项卡"插图"选项组中的"SmartArt"功能，可以利用 SmartArt 提供的模板快速、方便地创建各种复杂而专业的图形。图 2-5-3 即为使用 SmartArt "基本流程"模板创建的参赛流程示意图。
>
>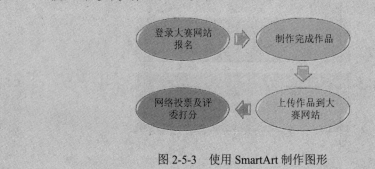
>
> 图 2-5-3　使用 SmartArt 制作图形

　　8）插入第 6 张幻灯片并设置其为"标题和内容"版式。在标题区域输入"历届大赛获奖情况"，在内容区域插入一个 3 列 5 行的表格，输入历届大赛获奖人的姓名及所在学院。

　　9）插入第 7 张幻灯片并设置其为"空白"版式。在幻灯片上插入 3 个文本框，输入图 2-5-1 所示的文字内容作为结束幻灯片。

　　10）放映幻灯片。幻灯片的放映可以从头开始，也可以从当前正在编辑的幻灯片开始。单击"幻灯片放映"选项卡"开始放映幻灯片"选项组中的"从头开始"按钮，或按 F5 键，将从头开始放映幻灯片。如果希望从当前编辑的幻灯片开始放映，可以单击演示文稿窗口右下角的 ▣ 按钮，或单击"幻灯片放映"选项卡"开始放映幻灯片"选项组中的"从当前幻灯片开始"按钮，也可按 Shift+F5 组合键。

　　【范例 2】　对范例 1 中建立的演示文稿 P1.pptx 按下列要求进行编辑，结果如图 2-5-4 所示。

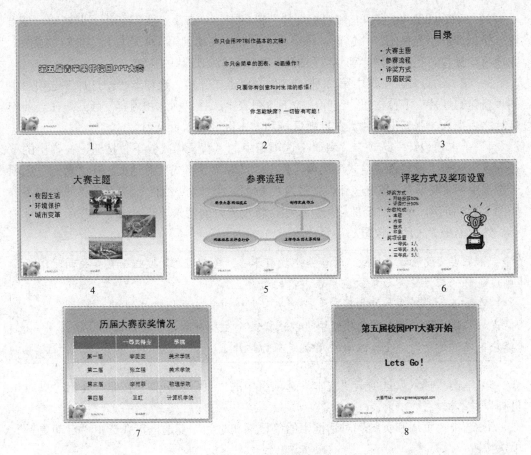

图 2-5-4　示例 2

1）将第 1 张幻灯片标题的文字格式设置为华文彩云、44 号字。

2）将第 5 张幻灯片"参赛流程"移动到第 4 张幻灯片"评奖方式及奖项设置"之前。

3）在第 2 张幻灯片之后插入一张新幻灯片，采用"标题和内容"版式，标题为"目录"，文本内容分别为"大赛主题""参赛流程""评奖方式"和"历届获奖"。

4）设置幻灯片背景的填充效果为"渐变填充"，颜色为浅绿色，类型为"线性向下"，并应用在所有幻灯片上。

5）在所有幻灯片中显示日期和时间，并使日期和时间随系统时间变化，在页脚处显示"青苹果杯"，并在幻灯片中显示编号。

6）利用"幻灯片母版"设置幻灯片格式：将标题区的文字格式设置为黑体、48 号字，将第二级文本前的项目符号改为菱形，在幻灯片左下方插入一张图片。

7）在第 1 张幻灯片上插入一个音频文件作为整个演示文稿放映时播放的背景音乐，并设置放映幻灯片时自动播放该背景音乐。

操作步骤如下。

1）单击第 1 张幻灯片中标题区域的边框，选中标题区域，设置标题文本字体为华文彩云、44 号字。

2）在 PowerPoint 窗口左侧"幻灯片"窗格中，单击第 5 张幻灯片上下拖动，会出现一条横线显示当前幻灯片位置，将第 5 张幻灯片拖动到第 4 张幻灯片之前释放鼠标，完成移动操作。也可利用"剪切""粘贴"按钮完成幻灯片的移动。

3）在"幻灯片"中选中第 2 张幻灯片，单击"开始"选项卡"幻灯片"选项组中的"新建幻灯片"下拉按钮，在弹出的下拉列表中选择"标题和内容"版式，在当前幻灯片之后插入一张新幻灯片。在标题区域和文本区域输入目录内容。

4）单击"设计"选项卡"背景"选项组中的"背景样式"下拉按钮，在弹出的下拉列表中选择"设置背景格式"选项，弹出"设置背景格式"对话框，在"填充"选项卡中选中"渐变填充"单选按钮，颜色为"浅绿"，类型为"线性"，方向为"线性向下"，如图 2-5-5 所示。单击"全部应用"按钮，将设置好的背景填充效果应用在所有幻灯片上，然后单击"关闭"按钮。

> 如果在"设置背景格式"对话框中没有单击"全部应用"按钮而直接关闭对话框，则设置好的背景填充效果仅应用在当前幻灯片上。
>
> 在演示文稿上应用"主题"也可使演示文稿中的各个幻灯片拥有一样的样式。在"设计"选项卡"主题"选项组中可以选择某个主题并右击，在弹出的快捷菜单中选择应用在选定幻灯片上，或者应用在所有幻灯片上。

5）单击"插入"选项卡"文本"选项组中的"页眉和页脚"按钮，弹出"页眉和页脚"对话框。

① 选中"页眉和页脚"对话框中的"日期和时间"复选框，并选中"自动更新"单选按钮。

② 选中"幻灯片编号"复选框。

③ 选中"页脚"复选框，并输入"青苹果杯"，如图 2-5-6 所示。

④ 单击"全部应用"按钮，将设置应用到所有幻灯片上。

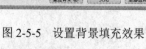

图 2-5-5　设置背景填充效果

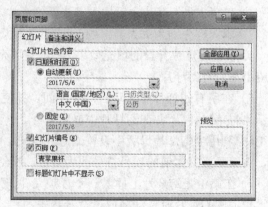

图 2-5-6　设置幻灯片页眉和页脚

6）单击"视图"选项卡"母版视图"选项组中的"幻灯片母版"按钮，打开幻灯片母版视图，在左侧窗格中选择"Office 主题 幻灯片母版"。

① 单击"标题区"边框，选中母版标题区，设置母版标题样式为黑体、48 号字。

② 单击"第二级"文本，单击"开始"选项卡"段落"选项组中的"项目符号"下拉按钮，在弹出的下拉列表中选择"项目符号和编号"选项，然后在弹出的"项目符号和编号"对话框中选择菱形符号，设置大小为"50%"字高。

③ 单击"插入"选项卡"图像"选项组中的"图片"按钮，将一张图片插入幻灯片母版左下角处。

④ 编辑完毕的幻灯片母版如图 2-5-7 所示。单击"幻灯片母版"选项卡"关闭"选项组中的"关闭母版视图"按钮，关闭幻灯片母版视图，完成幻灯片母版的编辑。

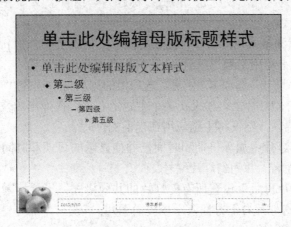

图 2-5-7　编辑幻灯片母版

在"幻灯片母版"中设置对象及其格式时，默认将会被套用在所有幻灯片上，使幻灯片具有一样的格式。通过"幻灯片母版"选项卡"编辑母版"选项组中的"插入幻灯片母版"按钮也可以新建幻灯片母版并套用在指定的幻灯片上。

7）选择第 1 张幻灯片，单击"插入"选项卡"媒体"选项组中的"音频"下拉按钮，在弹出的下拉列表中选择"文件中的音频"选项，弹出"插入音频"对话框，选择一个音频文件插入幻灯片中。出现"音频工具"面板，在"播放"选项卡"音频选项"选项组中，设置音频播放的开始方式为"跨幻灯片播放"，使音频文件在整个演示文稿放映时自动播放；选中"放映时隐藏"复选框，在幻灯片中隐藏音频图标，如图 2-5-8 所示。

图 2-5-8　设置音频文件的播放方式

3. 实战练习

【练习 1】 建立自我介绍的演示文稿，将其以"自我介绍.pptx"为文件名保存在

D:\PPT 文件夹中。具体要求如下。

1）第 1 张幻灯片采用"标题幻灯片"版式，标题为"自我介绍"。

2）第 2 张幻灯片采用"标题和内容"版式，标题为"内容提要"，文本为"个人爱好""学习情况"和"我的家乡"。

3）第 3 张幻灯片采用"两栏内容"版式，标题为"个人爱好"，左侧内容栏的文本处输入个人爱好和特长，右侧内容栏中插入一张剪贴画或照片。

4）第 4 张幻灯片采用"标题和内容"版式，标题为"学习情况"，内容处插入表格，表格中输入学过的主要课程及考试成绩。

5）第 5 张幻灯片采用"仅标题"版式，标题为"我的家乡"，空白处插入两张家乡的图片。

【练习 2】 编辑和格式化练习 1 中建立的演示文稿"自我介绍.pptx"。

1）在演示文稿上套用主题"气流"，并应用在所有幻灯片上。

操作提示：在"设计"选项卡"主题"选项组的列表框中选择"气流"主题，将"气流"主题应用在所有幻灯片上。如果在某个主题上右击，在弹出的快捷菜单中选择"应用于选定幻灯片"选项，则仅将主题应用在当前幻灯片上。

2）在所有的幻灯片中加入日期和时间，并使显示的日期和时间随系统时间变化，在页脚处显示作者姓名，并为幻灯片编号。

3）利用"幻灯片母版"设置所有幻灯片的共同格式：设置标题区文字格式为华文隶书、48 号字；在幻灯片右上方插入学校校徽图片。

实验 2　演示文稿放映、动画与超链接的设置

1. 实验目的

1）掌握为幻灯片对象设置超链接的方法。

2）掌握为幻灯片对象设定动画效果和幻灯片切换效果的方法。

3）掌握设置演示文稿放映方式的方法。

2. 实验范例

【范例 1】 打开实验 1 中建立的演示文稿 P1.pptx，将其另存为 P2.pptx。在 P2.pptx 中为幻灯片对象设置动画效果。

1）设置第 1 张幻灯片中标题的动画效果为"进入"中的"飞入"，方向为"自右下部"，速度为"慢速"，单击时开始播放动画。

2）设置第 2 张幻灯片中 4 个文本框的动画效果为"进入"中的"翻转式由远及近"，动画开始的方式为"上一动画之后"，并在上一动画之后延迟 1s 开始播放动画。

3）设置第 4 张幻灯片"大赛主题"中文本内容的动画效果为"进入"中的"淡出"，单击时播放动画。设置 3 张图片的动画效果为"进入"中的"展开"，并使 3 张图片在文本内容的动画播放完毕后同时出现。

4）设置第 6 张幻灯片"评奖方式及奖项设置"中文本内容的动画效果为"进入"中的"百叶窗"。为图片添加两项动画效果：第 1 项为"进入"中的"圆形扩展"，方向为"缩小"，形状为"菱形"，开始方式为"上一动画之后"；第 2 项为"强调"中的"陀螺旋"，开始方式为"上一动画之后"。

5）设置最后一张幻灯片中 3 个文本框的动画效果为"进入"中的"淡出"，动画文本为"按字母"发送，速度为"快速"，动画开始的方式为"上一动画之后"。

操作步骤如下。

1）在第 1 张幻灯片中选中标题文本框。

① 单击"动画"选项卡"动画"选项组中的"飞入"按钮。

② 单击"动画"选项卡"动画"选项组中的"效果选项"下拉按钮，在弹出的下拉列表中选择"自右下部"选项。

③ 单击"动画"选项卡"动画"选项组右下角的"显示其他效果选项"按钮，弹出"飞入"对话框，在"计时"选项卡中设置"期间"为"慢速（3 秒）"，如图 2-5-9 所示。

图 2-5-9　设置飞入动画效果

④ 单击"动画"选项卡"预览"选项组中的"预览"按钮，可以预览当前幻灯片上的动画效果。

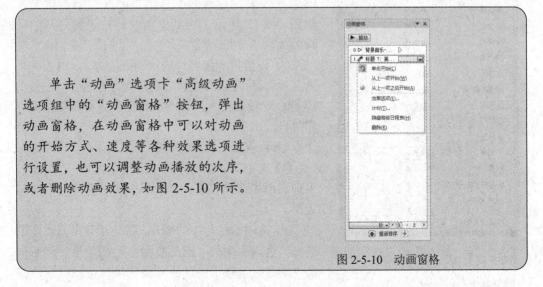

　　单击"动画"选项卡"高级动画"选项组中的"动画窗格"按钮，弹出动画窗格，在动画窗格中可以对动画的开始方式、速度等各种效果选项进行设置，也可以调整动画播放的次序，或者删除动画效果，如图 2-5-10 所示。

图 2-5-10　动画窗格

2）在第 2 张幻灯片中选中第一个文本框。

① 单击"动画"选项卡"动画"选项组中的"其他"下拉按钮，在弹出的下拉列表中选择"进入"中的"翻转式由远及近"动画效果。

② 在"计时"选项组中选择"开始"方式为"上一动画之后"，延迟"01.00"s，如图 2-5-11 所示。也可在动画窗格中单击动画效果的下拉按钮，在弹出的下拉列表中选择动画开始的方式为"从上一项之后开始"。

图 2-5-11 设置动画计时方式

③ 用同样的方法为幻灯片中的其他 3 个文本框设置动画效果。

> 选中设置好动画效果的文本框对象，单击"动画"选项卡"高级动画"选项组中的"动画刷"按钮，然后在其他文本框上单击，可以复制设置好的动画并应用在另一个文本框上。如果双击"动画刷"按钮，可以将同一个动画效果应用在演示文稿的多个对象上。

3）设置第 4 张幻灯片的动画效果。

① 在第 4 张幻灯片中选中文本区域，在"动画"效果列表框中选择"进入"效果中的"淡出"动画效果。

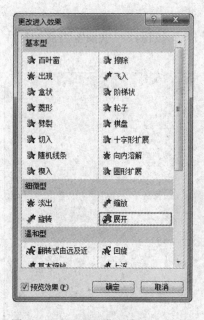

图 2-5-12 "更改进入效果"对话框

② 选中第一张图片，单击"动画"选项卡"动画"选项组中的"其他"下拉按钮，在弹出的下拉列表中选择"更多进入效果"选项，在弹出的"更改进入效果"对话框中选择"展开"动画效果，如图 2-5-12 所示。为其他两张图片设置同样的动画效果。

③ 设置第一张图片的动画开始方式为"上一动画之后"，后两张图片的动画开始方式为"与上一动画同时"，使在文本内容的动画播放完毕后 3 张图片同时自动出现。

4）设置第 6 张幻灯片的动画效果。

① 选中第 6 张幻灯片中的文本区域，在动画效果列表框中选择"进入"效果中的"百叶窗"动画效果。

② 选中幻灯片中的图片，在动画效果列表框中选择"进入"中的"圆形扩展"动画效果。然后单击"动画"选项卡中的"效果选项"下拉按钮，在

弹出的下拉列表中设置方向为"缩小"，形状为"菱形"，设置开始方式为"上一动画之后"。

③ 再次选中图片，单击"高级动画"选项组中的"添加动画"下拉按钮，在弹出的下拉列表中选择"强调"中的"陀螺旋"动画效果，设置动画开始方式为"上一动画之后"。

5）选中最后一张幻灯片中的第一个文本框。

① 在动画效果列表框中选择"进入"中的"淡出"动画效果。

② 单击"动画"选项组右下角的"显示其他效果选项"按钮，弹出"淡出"对话框，在"效果"选项卡中设置动画文本为"按字母"方式发送，在"计时"选项卡中设置"期间"为"快速（1 秒）"，开始方式为"上一动画之后"。

③ 将设置好的动画应用在幻灯片中的其他两个文本框上。

【范例 2】　在演示文稿 P2.pptx 中，为幻灯片对象设置超链接。

1）为第 3 张幻灯片"目录"中的文本"大赛主题""参赛流程""评奖方式"和"历届获奖"设置超链接，分别链接到当前演示文稿中对应的幻灯片上。

2）为最后一张幻灯片中的大赛网址设置超链接，链接到相应的网页上。

操作步骤如下。

1）选中第 3 张幻灯片中的文本"大赛主题"，单击"插入"选项卡"链接"选项组中的"超链接"按钮，弹出"插入超链接"对话框。

① 在"链接到"列表框中选择"本文档中的位置"选项。

② 在"请选择文档中的位置"列表框中选择幻灯片标题"4. 大赛主题"，如图 2-5-13所示。

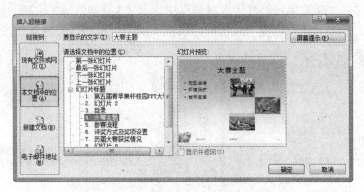

图 2-5-13　超链接到当前文档中的幻灯片

③ 单击"确定"按钮，完成超链接设置。

④ 播放幻灯片，在幻灯片中单击"大赛主题"，将链接到第 4 张幻灯片。

⑤ 用同样的方法为其他文本设置超链接，分别链接到当前演示文稿中对应的幻灯片上。

2）选中最后一张幻灯片中的"大赛网址"文本框，单击"插入"选项卡"链接"选项组中的"超链接"按钮，弹出"插入超链接"对话框。

① 在"链接到"列表框中选择"现有文件或网页"选项。

② 在"地址"文本框中输入网页地址"http://www.greenappleppt.com"，如图 2-5-14所示。

图 2-5-14　超链接到网页

【范例3】　在第 4～7 张幻灯片上放置动作按钮，单击动作按钮可跳转到第 3 张幻灯片。

操作步骤如下。

1）选择第 4 张幻灯片，单击"插入"选项卡"插图"选项组中的"形状"下拉按钮，在弹出的下拉列表中选择"动作按钮：后退或前一项"选项，然后在幻灯片的右上角拖动鼠标绘制一个动作按钮。

2）在弹出的"动作设置"对话框中选中"超链接到"单选按钮，并在其下拉列表中选择"幻灯片…"选项，如图 2-5-15 所示。

3）在弹出的"超链接到幻灯片"对话框中选择"3.目录"，如图 2-5-16 所示，单击"确定"按钮，返回"动作设置"对话框，单击"确定"按钮，完成动作按钮的设置。

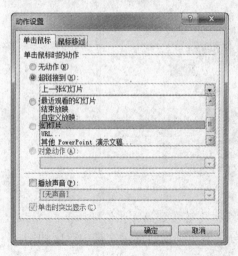

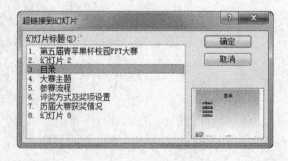

图 2-5-15　设置动作按钮　　　　　　图 2-5-16　选择超链接到的幻灯片

4）播放幻灯片，在幻灯片中单击动作按钮，将跳转到第 3 张幻灯片。

5）用同样的方法在第 5～7 张幻灯片上放置动作按钮。

【范例4】　设置幻灯片的切换方式为"形状"，效果为"切出"，换片持续时间为 1s，换片方式为"单击鼠标时"，将切换方式应用于所有幻灯片。

操作步骤如下。

1）单击"切换"选项卡"切换到此幻灯片"选项组中的"形状"按钮。然后单击"效果选项"下拉按钮，在弹出的下拉列表中设置效果为"切出"。

2）在"切换"选项卡"计时"选项组中设置持续时间为"01.00"s，换片方式为"单击鼠标时"。

3）单击"切换"选项卡"计时"选项组中的"全部应用"按钮将换片方式应用于所有幻灯片。

4）放映幻灯片，观察幻灯片之间切换时的效果。

【范例5】　设置演示文稿的放映方式为"在展台浏览"，并在放映时应用排练时间。

操作步骤如下。

1）单击"幻灯片放映"选项卡"设置"选项组的"排练计时"按钮，排练演示文稿的播放方式并计时，排练结束时保存排练时间，如图 2-5-17 所示。

图 2-5-17　保存排练时间

2）单击"设置"选项组中的"设置幻灯片放映"按钮，在弹出的"设置放映方式"对话框中设置放映类型为"在展台浏览（全屏幕）"，选择换片方式为"如果存在排练时间，则使用它"，如图 2-5-18 所示，单击"确定"按钮。

3）放映幻灯片，幻灯片将按照排练的时间自动播放。

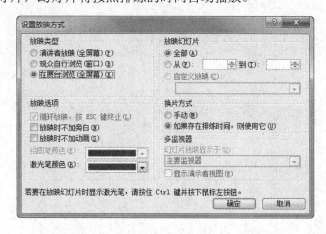

图 2-5-18　设置放映方式

3. 实战练习

【练习】　打开实验1建立的演示文稿"自我介绍.pptx"，进行如下设置。

1）为幻灯片中的对象设置适当的动画效果。

2）为各幻灯片设置不同的切换方式。

3）为第 2 张幻灯片中的文本"个人爱好""学习情况"和"我的家乡"设置超链接，分别链接到当前演示文稿中相应的幻灯片上。

4）在第 3～5 张幻灯片上分别添加一个动作按钮，单击动作按钮可跳转到第 2 张幻灯片。

5）对幻灯片进行排练计时，并设置放映方式为"在展台浏览（全屏幕）"，放映幻灯片。

上机实践 6　计算机网络技术基础

实验 1　局域网的配置与资源共享

1. 实验目的

1）掌握共享文件夹和共享打印机的操作方法。

2）掌握设置 TCP/IP 属性的操作方法。

2. 实验范例

【范例 1】　共享文件夹。

要实现文件的共享，用户首先需要设置文件所在的文件夹共享，然后通过"网络"打开共享的文件。

操作步骤如下。

1）设置共享文件夹。

① 打开"计算机"窗口，选中要设置为共享的文件夹并右击，在弹出的快捷菜单中选择"共享"菜单中的"特定用户"选项，如图 2-6-1 所示。

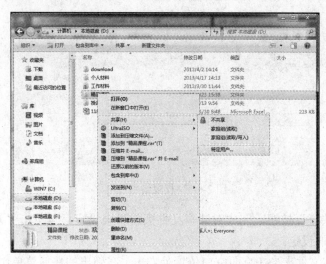

图 2-6-1　在"计算机"窗口中共享文件夹

② 打开"文件共享"窗口，在下拉列表中选择"Everyone"选项，单击"添加"按钮，如图 2-6-2 所示。

③ 如果需要设置用户共享该文件夹的权限，可再单击"权限级别"按钮，通过对"权限级别"中的"读取""读/写"和"删除"的选取来设定权限，如图 2-6-3 所示。

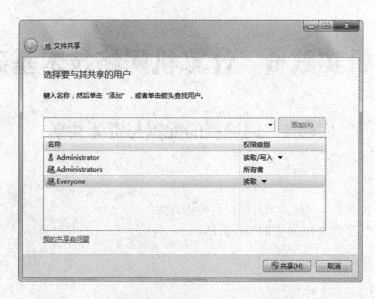

图 2-6-2　"文件共享"窗口

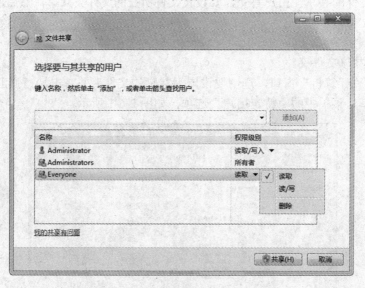

图 2-6-3　权限级别设定

④ 单击"共享"按钮，完成对共享文件夹的权限设定，再单击"共享"按钮，完成对共享文件夹的设定。

2）使用共享文件夹。在桌面空白位置处右击，在弹出的快捷菜单中选择"个性化"选项，在打开的"个性化"窗口中选择"更改桌面图标"选项，在弹出的"桌面图标设置"对话框中，选中"网络"复选框，单击"确定"按钮，即可在桌面上显示"网络"图标。

① 双击桌面上的"网络"图标，打开"网络"窗口，显示联网的计算机名称，如图 2-6-4 所示。双击含有共享驱动器或文件夹的计算机，即可显示共享的驱动器或文件夹。

图 2-6-4 "网络"窗口

② 双击该窗口下的某一共享文件夹，如"精品课程"文件夹，即可看到该共享文件夹下的所有共享信息，如图 2-6-5 所示。这时用户即可访问该共享文件夹下的所有文件。

图 2-6-5 显示共享的文件夹

【范例2】 共享打印机。

要实现共享打印机，首先要将该打印机设置为共享，然后在本地计算机上为共享打印机安装驱动程序，以实现网络共享打印机。

操作步骤如下。

1）设置共享打印机。

① 打开局域网中连接打印机的计算机和打印机的电源。

② 选择"开始"菜单中的"设备和打印机"选项，打开"设备和打印机"窗口。右击打印机图标，弹出的快捷菜单如图 2-6-6 所示。

图 2-6-6　"设备和打印机"窗口

③ 在快捷菜单中选择"打印机属性"选项，此时弹出打印机属性对话框，选择"共享"选项卡，选中"共享这台打印机"复选框，然后在"共享名"文本框中输入共享的打印机名称，如图 2-6-7 所示。

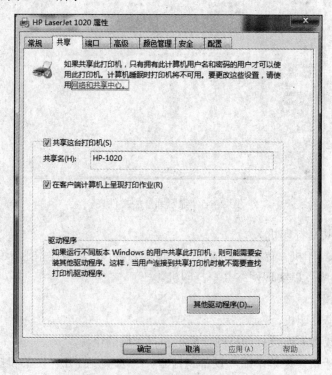

图 2-6-7　设置打印机属性

④ 单击"确定"按钮，完成将该打印机设置为网上共享的工作方式。

2）为本地计算机安装共享打印机的驱动程序。

① 打开本地计算机的"设备和打印机"窗口，然后单击"添加打印机"按钮，弹出"添加打印机"对话框。在该对话框中，选择"添加网络、无线或 Bluetooth 打印机"选项，如图 2-6-8 所示。

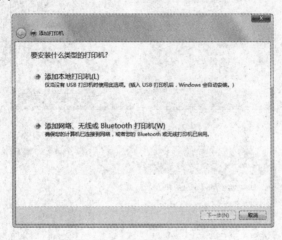

图 2-6-8　"添加打印机"对话框

② 搜索可用打印机，如图 2-6-9 所示，若共享的打印机不在列表框中，则可选择"我需要的打印机不在列表中"选项，弹出如图 2-6-10 所示的对话框，选择打印机。

③ 选中"按名称选择共享打印机"单选按钮，输入共享的打印机名称，单击"下一步"按钮，即可成功添加打印机，如图 2-6-11 所示。

④ 单击"下一步"按钮，弹出如图 2-6-12 所示的对话框，确认是否设置为默认打印机。然后单击"完成"按钮，完成共享打印机的各项参数设置，即可在本地计算机上顺利完成各种打印操作。

图 2-6-9　搜索可用打印机

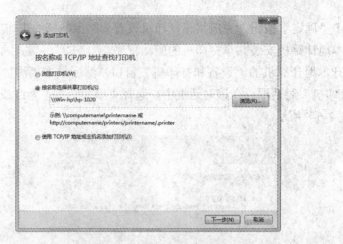

图 2-6-10　指定打印机

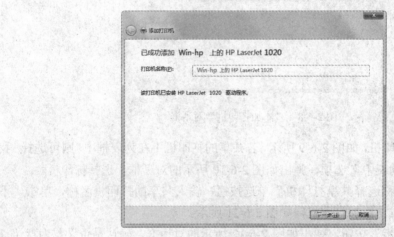

图 2-6-11　成功添加打印机

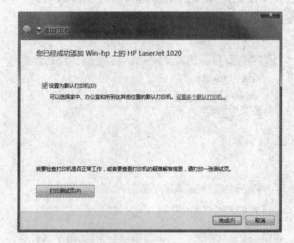

图 2-6-12　设置为默认打印机

【范例 3】　TCP/IP 的属性设置操作。

通过局域网接入 Internet 时需要进行 TCP/IP 的属性设置。

操作步骤如下。

1）在 Windows 桌面上右击"网络"图标，在弹出的快捷菜单中选择"属性"选项，打开"网络和共享中心"窗口，如图 2-6-13 所示。

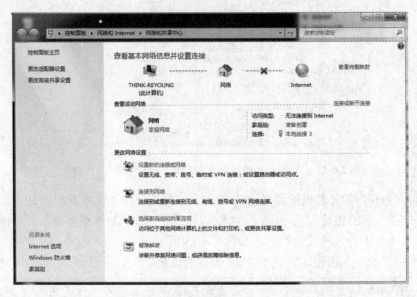

图 2-6-13　"网络和共享中心"窗口

2）右击"本地连接 3"链接，在弹出的快捷菜单中选择"属性"选项，弹出"本地连接 3 属性"对话框，如图 2-6-14 所示。

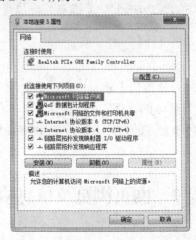

图 2-6-14　"本地连接 3 属性"对话框

3）选中"Internet 协议版本 4（TCP/IPv4）"复选框，然后单击"属性"按钮，弹出"Internet 协议版本 4（TCP/IPv4）属性"对话框，如图 2-6-15 所示。

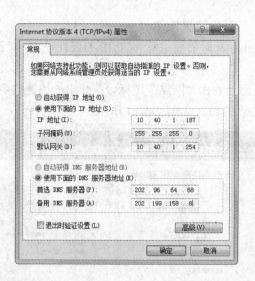

图 2-6-15 "Internet 协议版本 4（TCP/IPv4）属性"对话框

4）如果为用户的计算机配置确定的 IP 地址，则应选中"使用下面的 IP 地址"单选按钮，并分别在"IP 地址""子网掩码""默认网关""首选 DNS 服务器"及"备用 DNS 服务器"文本框中输入相关的信息，如图 2-6-15 所示。

5）单击"确定"按钮，完成 TCP/IP 属性的设置。

> 获得 IP 地址的方式有两种：一种是自动获得 IP 地址，另一种是指定 IP 地址。如果局域网上有专门的网络服务器，而且该服务器负责 IP 地址的分配，则可选中"自动获得 IP 地址"单选按钮。一般，家庭网络中都应选中"自动获得 IP 地址"单选按钮。
> 目前网络协议有两个版本：IPv4 和 IPv6。如果使用 IPv6 版本，则要在步骤 3）中选中"Internet 协议版本 6（TCP/IPv6）"复选框并进行相关的设置，其余不变。

3. 实战练习

【练习 1】 在局域网的一台计算机上建立一个共享文件夹，然后在工作组的其他计算机上浏览、使用该文件夹及其中的文件。

【练习 2】 在上机操作环境允许的条件下进行 TCP/IP 的属性设置，在可上网的环境下查看本机当前的 IP 地址。

实验 2 网页浏览及信息检索

1. 实验目的

1）掌握 IE 的常用操作方法。
2）掌握搜索引擎的基本使用方法。

3）掌握中国知网的基本使用方法。

2．实验范例

【范例1】　IE 的常用操作。

1）登录中国大学幕课（爱课程网），将该网站主页设为计算机浏览器的主页，并将该网页保存为名称为"爱课程"的网页文件。

2）在主页中将一张图片保存为图片文件。

3）将该网站中某个链接信息的内容保存到 Word 文档中，并将爱课程主页保存到收藏夹中。

操作步骤如下。

1）启动 IE 程序。选择"开始"菜单中的"Internet Explorer"选项，打开浏览器，在地址栏中输入"http://www.icourses.cn"后按 Enter 键，登录到爱课程首页，如图 2-6-16 所示。

图 2-6-16　爱课程首页

2）选择"工具"菜单中的"Internet 选项"选项，弹出"Internet 选项"对话框，在"常规"选项卡中单击"使用当前页"按钮，然后单击"确定"按钮，将爱课程首页设为 IE 浏览器的主页，如图 2-6-17 所示。

3）保存网页、图片及下载文件。

① 选择"文件"菜单中的"另存为"选项，弹出"保存网页"对话框，在"文件名"文本框中输入文件名"爱课程"保存该网页。

② 将鼠标指针指向主页中的一张图片并右击，在弹出的快捷菜单中选择"图片另存为"选项，弹出"保存图片"对话框，将图片保存为文件。

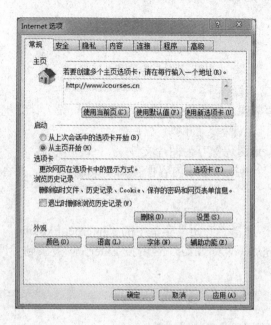

图 2-6-17 "Internet 选项"对话框

③ 单击页面上的某个超链接，显示该超链接的内容，用鼠标指针选择需要复制的内容，然后选择"编辑"菜单中的"复制"选项，再新建一个 Word 文档，将内容"粘贴"到 Word 文档中。

4）选择"收藏夹"菜单中的"添加到收藏夹…"选项，在弹出的"添加到收藏"对话框中输入收藏网页的名称，然后单击"添加"按钮，即可将该网页添加到收藏夹中。

【范例 2】 搜索引擎的使用。

利用"百度"搜索引擎搜索"国家教育部计算机教育认证考试管理中心"的相关信息，并下载一份"VB 考试样卷"。

操作步骤如下。

1）在 IE 的地址栏中输入"http://www.baidu.com"，按 Enter 键后，登录到百度首页，如图 2-6-18 所示。

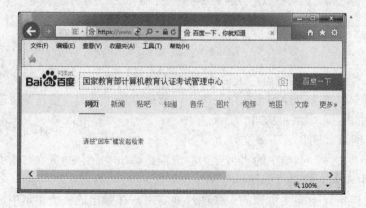

图 2-6-18 百度首页

2）在文本框中输入"国家教育部计算机教育认证考试管理中心"，然后单击"百度一下"按钮，即可搜索到大量关于"国家教育部计算机教育认证考试管理中心"的信息，如图 2-6-19 所示。

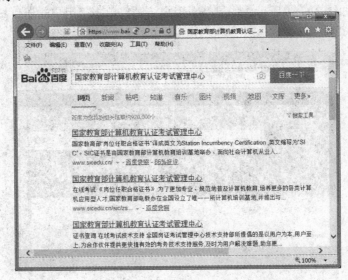

图 2-6-19　搜索到的信息

3）单击第一个链接，打开"国家教育部计算机教育认证考试管理中心"网页，在"资源下载"菜单中单击"考试样卷"按钮，然后选择其菜单中的"VB 考试样卷"选项，出现"《Visual Basic 6.0》考试样卷"页面，单击下方的"点击下载——1"链接，弹出"Internet Explorer"对话框，单击"保存"按钮，将考试卷保存到计算机上，如图 2-6-20 所示。

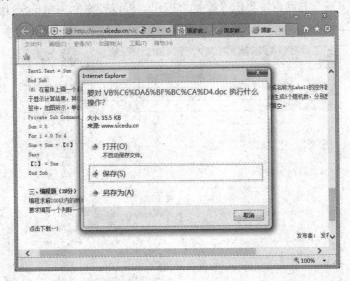

图 2-6-20　文件下载

【范例 3】　中国知网的使用。

登录中国知网（http://www.cnki.net）网站，在该网站上搜索一篇学术论文，下载后并查看。

操作步骤如下。

1）启动 IE 浏览器，在地址栏中输入"http://www.cnki.net"后按 Enter 键，打开中国知网首页，如图 2-6-21 所示。如果是新用户，则需单击"用户注册"按钮进行注册，然后登录中国知网。

图 2-6-21 中国知网首页

2）输入"iOS"关键词，单击"检索"按钮，可以搜索到大量的关于 iOS 的文献资料，如图 2-6-22 所示。

图 2-6-22 搜索到的文献资料

3）选择符合要求的文章标题，打开超链接，查看文章的作者及其单位、文献的出处和摘要等信息，如图 2-6-23 所示。

图 2-6-23　查看文章信息

4）选择 CAJ 格式或 PDF 格式下载该文章，保存到计算机上，如图 2-6-24 所示。

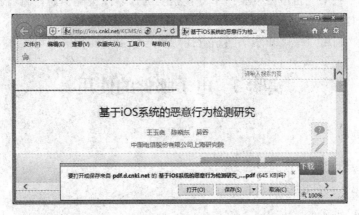

图 2-6-24　下载文件

5）下载后打开该文章，阅读全文内容，如图 2-6-25 所示。

3．实战练习

【练习 1】　登录搜狐网（http://www.sohu.com），查看网站信息。
1）将其首页设置为浏览器主页。
2）将该网站首页保存成网页文件。
3）下载网页中的内容与图片。
4）将网站首页添加到收藏夹中。

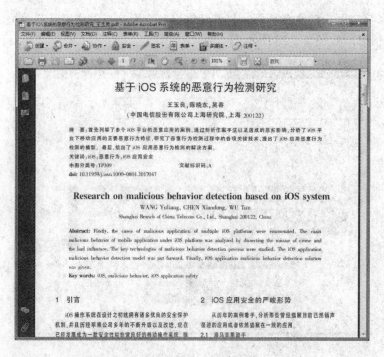

图 2-6-25　文章内容

【练习2】　利用"百度"搜索引擎，搜索全国知名高校的信息，查看相关信息并记录各高校的网址，添加到收藏夹中。

【练习3】　利用"中国知网"网站查找一篇与学生专业相关的论文并下载保存。

实验3　电子邮件的使用

1. 实验目的

1）掌握免费电子邮箱的申请方法。

2）掌握电子邮件的收发方法。

2. 实验范例

【范例1】　在网易上申请免费的个人邮箱。

操作步骤如下。

1）打开"网易"首页，单击页面右上角的"注册免费邮箱"按钮，出现注册免费邮箱页面，如图 2-6-26 所示。

2）在页面中输入邮箱地址、密码、手机号码等相关信息，单击"立即注册"按钮后，即可成功申请一个免费邮箱。

【范例2】　利用申请的免费邮箱给好友发送电子邮件，问候好友并将一篇介绍"漓江风景"的文件发送给他/她。

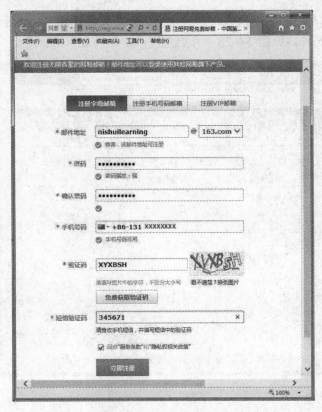

图 2-6-26 "163 网易免费邮"网页

操作步骤如下。

1）在"163 网易免费邮"网页中输入申请的邮箱账号和密码，进入邮件管理服务页面，如图 2-6-27 所示。

图 2-6-27 邮件管理服务页面

2）单击"写信"按钮，输入收件人地址、主题和信件内容；将要发送的文件以附件的形式添加进邮件，如图 2-6-28 所示。

图 2-6-28　写邮件

3）单击"发送"按钮发送邮件，邮件发送成功后如图 2-6-29 所示。

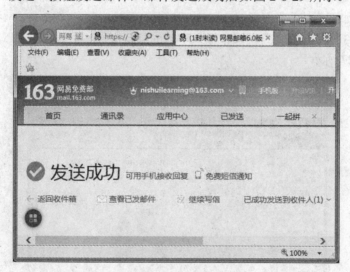

图 2-6-29　邮件发送成功

3. 实战练习

【练习】 在新浪网（http://www.sina.com.cn）上申请一个免费邮箱，用申请的免费邮箱给好友发送电子邮件。

上机实践 7 多媒体技术基础

实验 1 图像素材处理

1. 实验目的

1）了解 Photoshop CS5 中图像大小和工作区大小的调整方法。
2）掌握裁切、套索、图章等几种基本工具的使用方法。
3）掌握文本的创建方法。

2. 实验范例

【范例 1】 修改工作区大小。

在 Photoshop CS5 中，用来对图像进行编辑操作的区域称为工作区。用户可以在不改变图像大小的情况下，改变工作区大小。

打开图像 flower.bmp，如图 2-7-1 所示，修改工作区大小后，得到的图像如图 2-7-2 和图 2-7-3 所示。

图 2-7-1 原图

图 2-7-2 定位在中心时的效果

图 2-7-3 定位在右上角时的效果

操作步骤如下。

选择"画布大小"选项可以改变工作区的大小。

1）选择"开始"菜单中的"所有程序"选项，再选择"Adobe Web Premium"菜单中的"Adobe Photoshop CS5"选项，打开 Photoshop CS5 工作窗口。

2）选择"文件"菜单中的"打开"选项，弹出"打开"对话框，在该对话框中找到并打开文件 flower.bmp。双击 Photoshop 窗口的灰色区域也可以弹出"打开"对话框。

3）修改工作区大小。

① 选择"图像"菜单中的"画布大小"选项，弹出"画布大小"对话框，如图 2-7-4 所示，在该对话框中输入调整后的画布大小。

图 2-7-4　"画布大小"对话框

② 如果新画布的尺寸小于当前图像的尺寸，则 Photoshop CS5 可按所设的宽度和高度裁剪图像四周。定位栏默认居中，图像的裁剪或扩展是以图像中心为中心的，得到的新图像如图 2-7-2 所示。

如果单击"定位"选项组右上角的小方格，则图像的定位将以右上角为中心，得到的图像如图 2-7-3 所示。

如果新画布尺寸大于当前图像的尺寸，则在图像四周增加空白区，背景层的扩展部分可以按当前前景色填充，也可以按当前背景色填充。

4）选择"文件"菜单中的"存储为"选项，将修改了画布大小的图像存储为文件 flower1.bmp。

【范例 2】　使用裁切工具剪切图像。

使用裁切工具可以裁切掉图像中不需要的部分。打开图像 flower.bmp，如图 2-7-1 所示，裁切后得到的图像如图 2-7-5 所示，存储文件为 flower2.bmp。

图 2-7-5 图像裁切后的效果

操作步骤如下。

1）选择"文件"菜单中的"打开"选项，打开文件 flower.bmp。

2）单击工具箱中的"裁切工具"按钮🔲，在图像上单击并拖出一个选框。

3）在选框上右击，在弹出的快捷菜单中选择"裁切"或"取消"选项，如图 2-7-6 所示。

图 2-7-6 裁切图片

① 选择"裁切"选项后，选框内的部分被保留，阴影部分被裁掉，经裁切得到的图像如图 2-7-5 所示。

② 如果选择"取消"选项，则取消选择，可以重修裁切。

4）选择"文件"菜单中的"存储为"选项，存储文件为 flower2.bmp。

【范例 3】 使用磁性套索工具选择图像。

磁性套索工具是精确创建选区的工具。打开图像 flower.bmp，如图 2-7-1 所示，使用磁性套索工具选择图像后，创建的新图像如图 2-7-7 所示，存储文件为 flower3.psd。

图 2-7-7　使用磁性套索工具选择图像后创建的新图像

操作步骤如下。

1）选择"文件"菜单中的"打开"选项，打开文件 flower.bmp。

2）使用磁性套索工具选择图像。

① 在工具箱中单击"磁性套索工具"按钮，在图像边缘的适当位置单击，确定第一个锚点。

② 沿要跟踪的图像边缘移动鼠标指针，绘制出的选区边框自动与图像中对比度最强烈的边缘对齐，并自动添加锚点到选区的边框上，以固定前面的线段。如果选区边框没有与所需要的边缘对齐，则可以单击（手动添加一个锚点），然后继续跟踪图像边缘，并根据需要添加锚点。

③ 在创建选区边框的过程中，按 Delete 键，可以删除前一步绘制的部分。如果按 Alt 键，可以启动"多边形套索工具"的功能。

④ 拖动鼠标回起点单击或直接双击，手动绘制"磁性"线段的闭合边框，如图 2-7-8 所示。

图 2-7-8　使用磁性套索工具绘制的选区

3）在 Photoshop CS5 窗口中，选择"文件"菜单中的"新建"选项，在打开的"新建"对话框中设置文件的像素为 500×480 像素、分辨率为 72dpi、RGB 色彩模式、背景为白色。

4）使用移动工具，按住鼠标左键不动，将原图中选中的图片选区直接拖动到新建文件的工作区中，释放鼠标左键。

5）选择"文件"菜单中的"存储为"选项，将新建立的文件存储为 flower3.psd。

【范例 4】　使用修复画笔工具修整图像。

修复画笔工具是为修整图片而设计的，可以有效地清除图片中的划痕、污渍等。打开图像 Sea.jpg，如图 2-7-9 所示，使用修复画笔工具处理后的图像如图 2-7-10 所示，存储文件为 Sea1.jpg。

图 2-7-9　修复前的图像

图 2-7-10　修复后的图像

操作步骤如下。

1）选择"文件"菜单中的"打开"选项，打开文件 Sea.jpg。

2）在 Photoshop CS5 工具箱中单击"修复画笔工具"按钮 ，在"修复画笔工具"的工具栏中设置画笔的大小、硬度、压力等参数。

3）按住 Alt 键的同时，在 Sea.jpg 图像相似的相近区域取样，在需要修复的地方涂抹即可。为了取得较好的修复效果，可以分别在多个区域选择取样并覆盖。

4）选择"文件"菜单中的"存储为"选项，存储文件为 Sea1.jpg。

【范例 5】　使用文本工具制作图案字效果，如图 2-7-11 所示，文件存储为 wenzi.psd。

图 2-7-11　图案字效果

操作步骤如下。

1）启动 Photoshop CS5 软件，在工具箱中设置背景色为"白色"，前景色为"蓝色"。

2）选择"文件"菜单中的"新建"选项，弹出"新建"对话框，在"宽度"文本框中输入"500"，在"高度"文本框中输入"200"，在"颜色模式"下拉列表中选择"RGB颜色"选项，单击"确定"按钮。

3）输入文字并设置格式。

① 单击工具箱中的"横排文字工具"按钮，在工作区中输入"厚德载物"。

② 选择"窗口"菜单中的"字符"选项，出现"字符"面板，设置字体为华文新魏，字号为 48 点，水平缩放 140%，如图 2-7-12 所示。

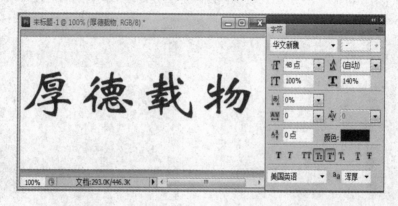

图 2-7-12　在 Photoshop 工作区中输入文字并设置格式

4）按住 Ctrl 键的同时，单击图层面板上的"厚德载物"图层前面的 T 图标，以载入文字形状的选区，如图 2-7-13 所示。

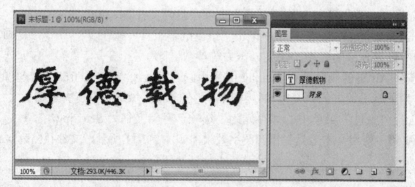

图 2-7-13　文字选区

5）选择"文件"菜单中的"打开"选项，弹出"打开"对话框，从中选择一张图片 background.bmp，单击"打开"按钮，打开图片，如图 2-7-14 所示。

6）选择"选择"菜单中的"全部"选项，选择整个图片，选择"编辑"菜单中的"拷贝"选项，复制图片到剪贴板。

7）切换到"厚德载物"文字窗口，选择"编辑"菜单中的"选择性粘贴"中的"贴入"选项，即可将图片粘贴到文字中，如图 2-7-11 所示。用户可以通过工具箱中的"移动工具"按钮移动图片在文字中的位置。

图 2-7-14   背景图片

8）选择"文件"菜单中的"存储为"选项，保存文件为 wenzi.psd。

3．实战练习

【练习 1】 修改图像大小。

通常情况下，用户需要的图像大小并不是原图像的大小，这时可以重新设置尺寸。打开图像 flower.bmp，如图 2-7-1 所示，修改图像大小，得到原图 50%大小的图像，存储文件为 Ex1.bmp。

操作提示：

1）选择"图像"菜单中的"图像大小"选项，弹出"图像大小"对话框，在该对话框中直接输入数值来设置图像的高度、宽度、像素及分辨率，如图 2-7-15 所示。

2）该对话框的上方显示了图像像素尺寸，中间的"文档大小"选项组显示了图像的尺寸和打印的分辨率。如果选中"约束比例"复选框，则在改变图像的宽度或高度时，系统会按比例调整图像宽度和高度。

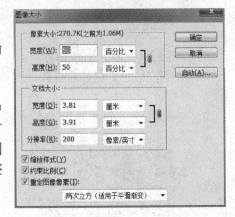

图 2-7-15   "图像大小"对话框

【练习 2】 使用仿制图章工具复制图像。

使用仿制图章工具从图像上取样后，可以复制到同一图像或另一图像上，通常复制原图中的部分细节以弥补图像在局部显示中的不足。打开图像 Sucai.jpg，使用仿制图章工具复制图像，原图和复制后的图像如图 2-7-16 和图 2-7-17 所示，将文件存储为 Ex2.jpg。

操作提示：

1）单击工具箱中的"仿制图章工具"按钮，设定模式、不透明度等参数，并且应在使用前设定画笔的笔刷大小和形状。

图 2-7-16　原图　　　　　　　　　　　图 2-7-17　使用仿制图章工具复制的图

2）按住 Alt 键的同时使用"仿制图章工具"在原图上单击（即取样）。

3）新建一个文档。复制时，按住鼠标左键并拖动即可。

实验 2　Flash 动画制作

1. 实验目的

1）了解 Flash CS5 基本工具的使用。

2）掌握文本特效的制作方法。

3）掌握形状补间动画和动作补间动画的制作方法。

4）掌握跑马灯闪烁文字的制作方法。

2. 实验范例

【范例 1】　文本的创建和分离。

1）创建 Flash 文档 Flash1.fla，在舞台中输入文字并设置属性，文本效果如图 2-7-18 所示。

2）分离文本，结果如图 2-7-19 所示。

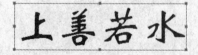

图 2-7-18　创建的文本示例　　　　　　　图 2-7-19　一次分离后的文本

操作步骤如下。

1）启动 Flash CS5 应用程序。

① 选择"开始"菜单中的"所有程序"选项，再选择"Adobe Web Premium CS5"菜单中的"Adobe Flash Professional CS5"选项，启动 Flash CS5。

② 在 Flash CS5 的启动窗口中，选择"新建"菜单中的"ActionScript 3.0"选项，

打开 Flash 工作窗口。

2）创建文本。

① 单击工具箱中的"文本工具"按钮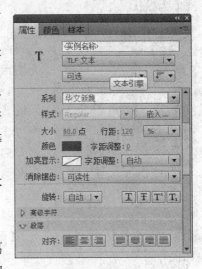，然后在舞台（Flash 窗口中的编辑区域）中单击，创建文本框，选择一种输入法，输入文字"上善若水"。在文字编辑状态下，可以使用编辑键对文字进行修改、删除操作。

② 单击工具箱中的"选择工具"按钮，再单击文本框，然后在其"属性"面板中设置字体为华文新魏，字号为 80，并设置文字颜色、对齐方式、倾斜等属性，如图 2-7-20 所示。

使用"选择工具"拖动文本框，还可以移动文本位置，如果要继续编辑文字，则可以双击文本框。

③ 制作完成的文本如图 2-7-18 所示。

3）分离文本。为了实现特殊文字效果，需要分离文本。分离文本是将文本框中的多个字符分离成单独的字符或将单独字符分离成填充图形。

图 2-7-20　文本"属性"面板

① 单击工具箱中的"选择工具"按钮，再单击文本框，选择"修改"菜单中的"分离"选项，此时文本框中的每个字符都被放置在一个独立的文本框中，如图 2-7-19 所示。此时，用户可以对每个文本框单独进行自由变换、编辑等操作，但无法像处理图形那样，对每个字符进行各种变形。

② 如果希望将文字转换为图形，可再次选择"修改"菜单中的"分离"选项，此时舞台中选中的字符将被转换为填充图形，可以实现字符的特殊效果。当用户使用"选择工具"选中文本时，文本上出现了一些细小的白点，这表明该文本已被转换为填充图形了。在"属性"面板中显示的是形状信息，如图 2-7-21 所示。

③ 保存 Flash 文档，保存文件为 Flash1.fla。

【范例 2】　特效文本（五彩字）的制作。

创建如图 2-7-22 所示的特效文本，将文档保存为 Flash2.fla。

操作步骤如下。

1）启动 Flash CS5，选择"文件"菜单中的"新建"选项，建立一个新的 Flash 文档。

图 2-7-21　形状"属性"面板

图 2-7-22　五彩字示例

2）使用工具箱中的"文本工具"在舞台中单击创建文本框，并输入文字"上善若水"。在文本"属性"面板中设置字体为华文新魏，字号为80，文字颜色为蓝色，其他选项为默认。

3）单击工具箱中的"选择工具"按钮，然后单击文本框，选择两次"修改"菜单中的"分离"选项，将文本分离为填充图形。

4）选择"窗口"菜单中的"颜色"选项，出现"颜色"面板。在"颜色"面板的颜色类型下拉列表中选择填充样式为"线性渐变"，如图2-7-23所示。

5）通过滑标，在"颜色"面板中设置不同的颜色，同时会在舞台中看到文字颜色的变化效果。制作完成的五彩文字如图2-7-22所示。

6）保存文档，保存文件为Flash2.fla。

【范例3】 制作形状补间动画。

实现一个红色圆形变为蓝色正方形的补间动画，如图2-7-24所示，将Flash文档保存为Flash3.fla。

图2-7-23 "颜色"面板

图2-7-24 形状渐变动画示例

操作步骤如下。

1）启动Flash CS5，新建Flash文档。选择"修改"菜单中的"文档"选项，在弹出的"文档设置"对话框中设置舞台尺寸为400×400像素。

2）绘制圆形。

① 启动Flash CS5后，默认对"时间轴"面板中的"图层1"的第1帧进行操作。单击工具箱中的"椭圆工具"按钮○。

② 在"属性"面板中，设置椭圆的属性。单击"笔触颜色"按钮，设置为无笔触；单击"填充色"按钮，设置为红色填充；按住Shift键，在舞台上绘制"圆"。

③ 精确定位圆的位置。使用"选择工具"选中该"圆"后，在"属性"面板中设置其宽为100、高为100、X坐标为50、Y坐标为50。

3）绘制和圆同样大小、同样中心坐标的正方形。

① 在时间轴第50帧处按F7键插入空白关键帧，单击"矩形工具"按钮，设置为无笔触、蓝色填充，按住Shift键绘制"正方形"。

② 使用"选择工具"选中该"正方形"后，在"属性"面板中设置其宽为100、高为100、X坐标为50、Y坐标为50。

4）在"时间轴"面板中，选中第1～50帧中任意一帧后右击，在弹出的快捷菜单中选择"创建补间形状"选项，创建形状补间动画。

5）按 Ctrl+Enter 组合键测试影片，保存 Flash 文档为 Flash3.fla。图形渐变过程如图 2-7-24 所示。

【范例 4】　制作动作补间动画。

制作一个图像旋转并移动的动作补间动画，如图 2-7-25 所示，将 Flash 文档保存为 Flash4.fla。

操作步骤如下。

1）启动 Flash CS5，新建 Flash 文档。选择"修改"菜单中的"文档"选项，在弹出的"文档设置"对话框中设置舞台尺寸为 500×300 像素。

2）选择"文件"菜单中的"导入"菜单中的"导入到舞台"选项，弹出"导入"对话框。在"导入"对话框中选择图像素材 circle1.bmp，将其导入舞台中。

3）单击工具箱中的"任意变形工具"按钮，根据舞台的尺寸，对导入的图像进行缩放。

4）单击"选择工具"按钮，选中该位图图像，然后选择"修改"菜单中的"转换为元件"选项。在弹出的"转换为元件"对话框中，将其转换为图像元件并输入元件名称，如图 2-7-26 所示，单击"确定"按钮，完成元件转换操作。

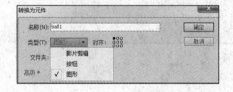

图 2-7-25　动作补间动画示例　　　　　　图 2-7-26　"转换为元件"对话框

5）返回舞台，选择"时间轴"面板中的第 1 帧，在"属性"面板中设置颜色为 Alpha，其值为 100%。

6）选择"时间轴"面板中的第 40 帧并右击，在弹出的快捷菜单中选择"插入关键帧"选项，使用选择工具将该元件向右移动一段距离，并使用任意变形工具将该帧上的元件实例缩小，在"属性"面板中设置颜色为 Alpha，其值为 30%。

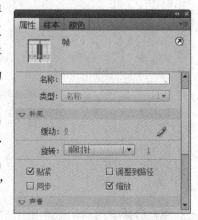

7）选择两个关键帧中的任意一帧并右击，在弹出的快捷菜单中选择"创建传统补间"选项，创建传统补间动画。此时，在开始关键帧和结束关键帧之间，将出现一个淡紫色背景及箭头。在"属性"面板中的"旋转"下拉列表中设置为"顺时针"旋转，输入旋转次数为 1 次，如图 2-7-27 所示。

8）动画制作完毕后，选择"控制"菜单中的"测

图 2-7-27　设置补间动画属性

试影片"菜单中的"测试"选项，即可看到图像在移动的同时逐渐缩小、颜色逐渐变浅的动画效果，保存文档为 Flash4.fla。

【范例 5】 制作跑马灯效果的闪烁文字。

制作跑马灯效果的文字"循序渐进"，颜色次序为红、绿、黄、蓝循环变化，将 Flash文档保存为 Flash5.fla。

操作步骤如下。

1）启动 Flash CS5，新建 Flash 文档。选择"修改"菜单中的"文档"选项，在弹出的"文档设置"对话框中，设置舞台尺寸为 500×300 像素。

2）单击工具箱中的"文本工具"按钮，在舞台中输入"循序渐进" 4 个字，在文本"属性"面板中，将它们的颜色设置为黑色，字体为隶书，大小为 100 点。

3）选择"窗口"菜单中的"对齐"选项，出现"对齐"面板，如图 2-7-28 所示。

图 2-7-28 "对齐"面板

选中该面板中的"与舞台对齐"复选框，使以下的操作都针对整个场景，分别单击"水平中齐"和"垂直中齐"两个按钮，使文字处于舞台的中央。

4）选择"修改"菜单中的"分离"选项，将文字对象分离为形状。

5）分别为"循""序""渐""进" 4 个字设置红、绿、黄、蓝 4 种颜色。选择文字时，注意使用"选择工具"进行选择。

6）在第 5 帧处插入关键帧，将每个字依次换一种颜色。

7）以此类推，在第 10 帧、第 15 帧处插入关键帧并改变每个字的颜色，并在第 20帧处插入关键帧，制作完成的动画时间轴和显示效果如图 2-7-29 所示。

图 2-7-29 跑马灯文字

8）选择"控制"菜单中的"测试影片"菜单中的"测试"选项，即可看到跑马灯效果的文字，保存文档为 Flash5.fla。

3. 实战练习

【练习1】　制作如图 2-7-30 所示的空心字，将文件保存为 Ex1.fla。

图 2-7-30　空心字示例

操作提示：

1）选中文本内容进行两次分离，将文本分离为填充图形。

2）在工具箱中单击"墨水瓶工具"按钮 ![icon]，在墨水瓶工具的"属性"面板中设置轮廓线的笔触颜色为紫色，笔触高度为 3，笔触样式为实线。

3）移动鼠标指针，依次在每个分离文本上单击，为其添加轮廓线。

4）使用"选择工具"依次选中每个分离文本的填充内容，按 Delete 键将其删除，即可得到空心字的效果。

【练习2】　利用形状补间动画制作文字变形动画，动画效果如图 2-7-31 所示，将文件保存为 Ex2.fla。

图 2-7-31　文字变形动画效果

操作提示：

1）利用文本工具输入文字。

2）选中文本内容进行二次分离，将文本分离为填充图形。

3）制作形状补间动画。

【练习3】　创建如图 2-7-32 所示的颜色渐变、由垂直椭圆渐变成水平椭圆的形状补间动画，保存文件为 Ex3.fla。

图 2-7-32　形状补间动画效果

上机实践 8　软件技术基础

实验 1　程序设计基础

1. 实验目的

1）熟悉 Visual Basic 集成开发环境。

2）掌握 Visual Basic 应用程序的建立、编辑与运行方法。

3）了解基本控件的使用方法。

4）掌握编写简单应用程序的方法。

2. 实验范例

【范例 1】　建立 Visual Basic 工程文件。

启动 Visual Basic 6.0，建立工程文件并保存为 vb1.vbp，窗体文件为 Form1.frm，如图 2-8-1 所示。

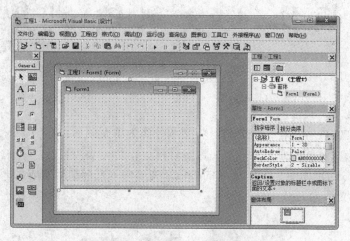

图 2-8-1　Visual Basic 6.0 集成开发环境

操作步骤如下。

1）选择"开始"菜单中的"所有程序"菜单中的"Visual Basic 6.0"选项，启动 Visual Basic 6.0 程序。

2）在弹出的"新建工程"对话框中选择"新建"选项卡，选择"标准 EXE"选项，然后单击"打开"按钮，建立如图 2-8-1 所示的工程文件。

3）单击工具栏中的"保存"按钮，将窗体文件保存为"Form1.frm"，工程文件保存为"vb1.vbp"。

【范例2】 窗体界面的建立。

建立"求一元二次方程式的根"应用程序界面，并设置相关控件的属性，结果如图 2-8-2 所示。

操作步骤如下。

1）在图 2-8-1 所示的窗体中添加 8 个 Label 控件、3 个 Text 控件、3 个 Command 控件，界面布局如图 2-8-2 所示。添加控件时单击工具箱中相应的工具按钮，然后在窗体中合适的位置用鼠标拖动即可。

2）单击添加在窗体中的控件，分别设置窗体中各个控件的属性值，各控件属性值见表 2-8-1。设置控件属性值时先用鼠标选中一个控件，然后在"属性窗口"中设置各个属性值即可。

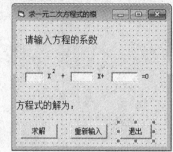

图 2-8-2　求方程式的根

表 2-8-1　各控件属性值

控件名称	属性名	属性值
Label1	Caption	请输入方程的系数
	Font	宋体、小四
Label2	Caption	X
Label3	Caption	2
	Font	宋体、六号
Label4	Caption	+
Label5	Caption	X+
Label6	Caption	=0
Label7	Caption	方程式的解为：
	Font	宋体、小四
Label8	Caption	空格
Text1	Text	空格
Text2	Text	空格
Text3	Text	空格
Command1	Caption	求解
Command2	Caption	重新输入
Command3	Caption	退出
Form1	Caption	求一元二次方程式的根

【范例3】 编写"Command1""Command2"和"Command3"命令按钮的 Click 事件代码，如图 2-8-3 所示。

操作步骤如下。

1）双击"Command1"按钮，打开代码窗口。选择"Command1"按钮的 Click 事件，编写相应的代码，如图 2-8-3 所示。

2）用同样方法编写"Command2"按钮和"Command3"按钮的 Click 事件代码。

【范例4】 运行上面建立的应用程序，并将工程文件打包生成 EXE 文件。

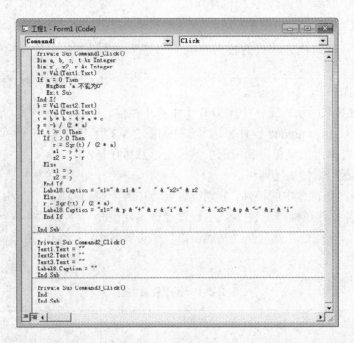

图 2-8-3 "Command1""Command2""Command3" 按钮的 Click 事件

图 2-8-4 程序运行结果

操作步骤如下。

1）单击工具栏中的"启动"按钮，运行程序，结果如图 2-8-4 所示。

2）选择"文件"菜单中的"生成 vb1.exe"选项，将应用程序生成 vb1.exe 文件，该文件可以在 Windows 环境下直接运行。

3．实战练习

【练习】 编写一个计算机算术考试系统。由计算机作为一年级学生的算术老师，要求随机生成一系列的 1～10 的操作数和运算符，学生输入该题的答案，计算机根据学生的答案判断是否正确，当结束时给出成绩。应用程序界面如图 2-8-5 所示。

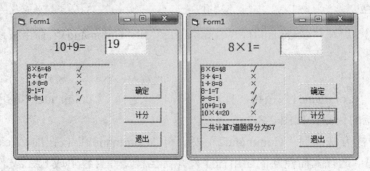

图 2-8-5 计算机算术考试系统

要求如下。

1）创建工程文件名为 VB2。

2）按照图 2-8-5 在窗体中设置 1 个标签、1 个文本框、1 个图片框和 3 个命令按钮。

3）使用随机函数生成 1～10 操作数，公式为 Int(10*Rnd+1)。

4）"计分"按钮的功能是计算已经完成的计算题的得分，公式为答对的题数/总题数×100。

5）将工程打包成 EXE 文件。

操作提示：

1）可以分别用 1、2、3、4 表示+、−、×、÷，则表达式为 int(Rnd*4+1)。

2）代码可参照图 2-8-6 所示。

图 2-8-6　代码窗口

实验 2　Access 数据库应用

1.　实验目的

1）掌握创建 Access 数据库的方法。

2）掌握在 Access 数据库中创建数据表的方法。

3）掌握对多个数据表进行关联的方法。

4）掌握创建查询对象的方法。

2.　实验范例

【范例 1】　数据库及数据表的建立与编辑。

1）建立 1 个数据库，命名为"学生管理"。

2）在该库中建立 3 个数据表："学生表"、"成绩表"和"课程表"。

3）对"学生管理"数据库中的表进行简单的数据操作。

操作步骤如下。

1）在 D 盘上建立一个文件夹 Access。

2）在该文件夹下建立一个名为"学生管理.accdb"的 Access 数据库文件。

① 选择"开始"菜单中的"所有程序"选项，再选择"Microsoft Office"菜单中的 "Microsoft Access 2010"选项，启动 Access 数据库应用程序，打开 Access 数据库管理软件的窗口，如图 2-8-7 所示。

图 2-8-7 　"Microsoft Access"窗口

② 在"可用模板"选项组中选择"空数据库"选项，在"文件名"文本框中输入 "学生管理"，打开 D 盘中的 Access 文件夹，然后单击"创建"按钮，打开如图 2-8-8 所示的"学生管理"的数据库主窗口。至此，建立了一个空数据库"学生管理.accdb"。

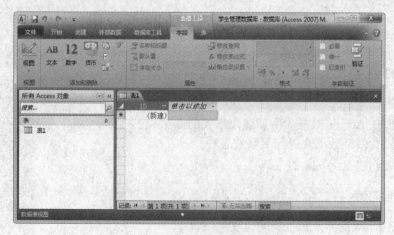

图 2-8-8 　"学生管理"数据库窗口

3）在"学生管理"数据库中建立"学生表"的表结构，共有 8 个字段，将其中的"学号"字段设为主键。表结构中各字段的要求见表 2-8-2。

表 2-8-2　"学生表"的结构

字段名称	数据类型	字段大小
学号	文本	10
姓名	文本	4
性别	文本	2
出生日期	日期/时间	—
所在学院	文本	8
专业	文本	8
班级	文本	4
备注	备注	—

① 在"学生管理"数据库窗口中，单击"创建"选项卡"表格"选项组中的"表设计"按钮，可以在表设计视图中新建一个表，按照表 2-8-2 所示的字段设计，在"字段名称"列中输入字段名称，在"数据类型"列中选择相应的类型，然后设置字段相应的属性，如图 2-8-9 所示。

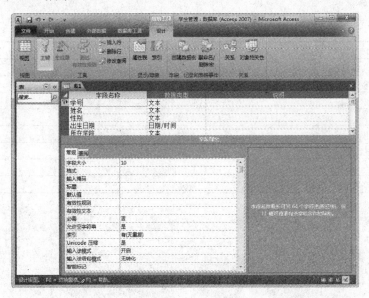

图 2-8-9　添加字段

② 将"学号"字段设为主键，然后单击"保存"按钮，将表保存为"学生表"即可完成学生表的创建。

4）为"学生表"输入数据记录。

① 打开"学生表"（此时表中无记录），输入表记录数据，输入后的效果如图 2-8-10 所示。

② 完成数据输入后直接关闭数据表，完成保存。

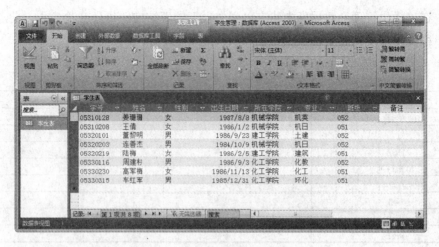

图 2-8-10 输入数据后的学生表

5）重复上述方法，建立"课程表"和"成绩表"。

① "课程表"的结构见表 2-8-3，共有 8 个字段，其中"课程编号"为主键。"课程表"的数据记录如图 2-8-11 所示。

表 2-8-3 "课程表"的结构

字段名称	数据类型	字段大小
课程编号	文本	5
课程名称	文本	10
学时	数字	整型
教材名称	文本	20
作者	文本	4
出版社	文本	20
出版时间	日期/时间	—
备注	备注	—

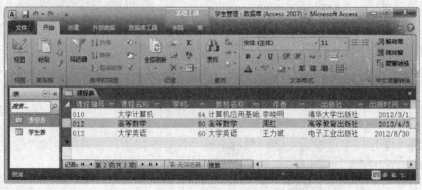

图 2-8-11 "课程表"的数据记录

② "成绩表"的结构见表 2-8-4，共有 4 个字段，其中"学号"为主键。"成绩表"的数据记录如图 2-8-12 所示。

表 2-8-4 "成绩表"的结构

字段名称	数据类型	字段大小
学号	文本	10
课程编号	文本	5
学期	文本	2
成绩	数字	整型

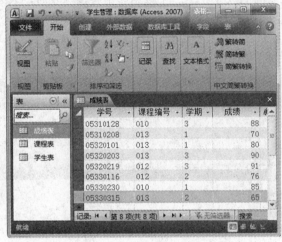

图 2-8-12 "成绩表"的数据记录

6）对上述建立的 3 个数据表进行编辑。要求：①修改"学生表"结构中"性别"字段的大小，将原来的"性别（文本，2）"改为"性别（文本，1）"；②修改"成绩表"结构中的主键位置，删除"学号"的主键位置；③修改"课程表"结构的字段名称，将"出版时间"改为"出版日期"。

① 在"学生管理"数据库中选择"学生表"，打开设计视图窗口，选中所要修改的"性别"字段后，将"字段大小"的"2"改为"1"，关闭窗口，弹出警示消息框，提示是否对所做的修改进行保存。

② 重复上述方法打开"成绩表"的设计视图窗口，选中"学号"行，在"表格工具"面板中，单击"设计"选项卡"工具"选项组中的"主键"按钮，原来的主键钥匙图标被去掉，即删除了主键位置。

③ 打开"课程表"的设计视图窗口，在"字段名称"列中将"出版时间"改为"出版日期"，保存修改后的表。

> 表结构的修改将会影响整个数据库，因此修改时要注意以下几项。
> 1）修改表之前，必须先关闭此表。
> 2）修改表的字段名称不会影响字段中所存放的数据，但会影响一些相关部分，如果查询、窗体或报表等对象中使用了这个更换的名称，那么在这些对象中也要做相应的修改。
> 3）在关系表中，相互关联的字段是无法修改的，如需修改，必须先将关联去掉。

【范例 2】 建立数据表之间的关系。

1）在"学生管理"数据库中，建立 3 个数据表之间的关系。

2）对关系数据表进行排序、显示等基本操作。

3）建立对象的查询。

4）将"学生表"导出为 Excel 文件，并保存在 Access 文件夹中。

操作步骤如下。

1）建立 3 个表之间的关系。当一个数据库中有多个表时，表之间可以建立关系，把其中的字段联系起来，可以高效率地使用多表中的数据。

① 打开表的关系窗口。在数据库窗口中选择"数据库工具"选项卡，然后单击"关系"选项组中的"关系"按钮，打开关系窗口，如图 2-8-13 所示。

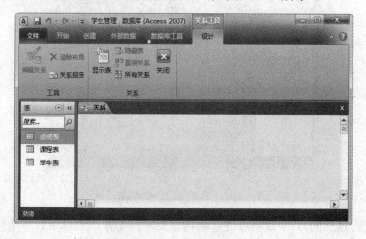

图 2-8-13　表的关系窗口

② 添加将要建立关系的表。在表的关系窗口中的"关系工具"面板中，单击"设计"选项卡"关系"选项组中的"显示表"按钮，弹出"显示表"对话框，如图 2-8-14 所示。

图 2-8-14　"显示表"对话框

③ 在"显示表"对话框中，选中需要建立关系的表（如成绩表、课程表、学生表），

单击"添加"按钮，将选中的表添加到关系窗口中，如图 2-8-15 所示。

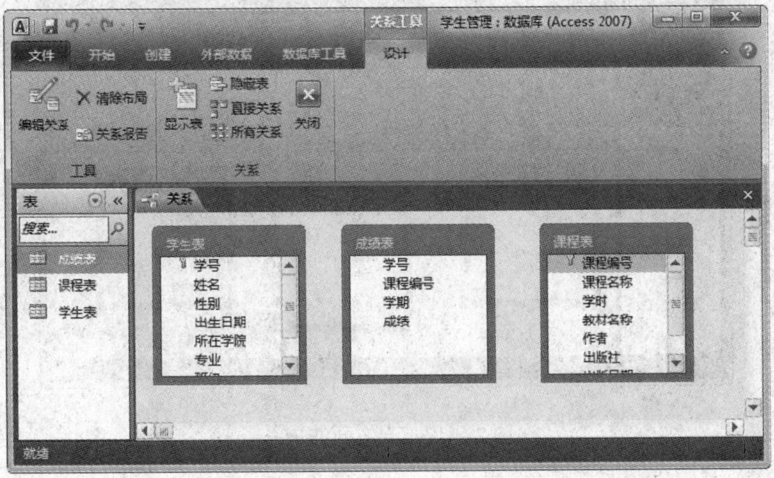

图 2-8-15　添加到关系窗口中的 3 个表

④ 建立表关系。在关系窗口中，将要建立关系的字段从一个表中拖动到相关表的对应字段上。建立关系的字段称为相关字段，不需要有相同的名称，但它们必须有相同的数据类型且包含相同种类的数据。

以"学号"为相关联字段，建立"学生表"和"成绩表"的一对多的关系。方法如下：在"学生表"中，拖动主键字段"学号"到"成绩表"的对应字段"学号"上，此时弹出"编辑关系"对话框，选中"实施参照完整性""级联更新相关字段"和"级联删除相关记录"3 个复选框。关系类型为"一对多"，如图 2-8-16 所示，单击"创建"按钮，完成两个表关系的建立。

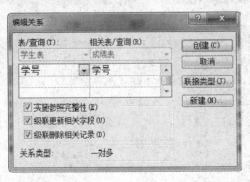

图 2-8-16　"编辑关系"对话框

以"课程编号"为相关字段，建立"成绩表"和"课程表"的一对多的关系。拖动"成绩表"中的"课程编号"到"课程表"中的"课程编号"字段上，弹出"编辑关系"对话框，选中"实施参照完整性""级联更新相关字段"和"级联删除相关记录"3 个复选框。关系类型为"一对多"，单击"创建"按钮，完成两个表关系的建立。至此，3 个表之间建立了如图 2-8-17 所示的关系。

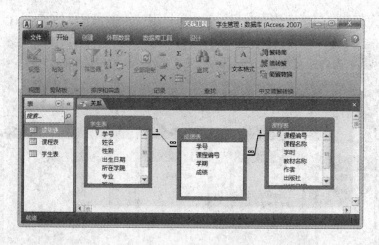

图 2-8-17　表之间的关系

编辑和删除关系。单击"关系线"使其变粗后，单击"设计"选项卡"工具"选项组中的"编辑关系"按钮，弹出"编辑关系"对话框进行编辑；若要删除已有的关系，则要单击"关系线"使其变粗后并右击，在弹出的快捷菜单中选择"删除"选项，或按Delete 键删除已有的关系。

2）对数据表进行排序、显示操作。

① 打开"学生表"，在"班级"字段名处选中"班级"字段列，单击"开始"选项卡"排序和筛选"选项组中的"升序""降序"按钮，对数据表进行排序。图 2-8-18 所示为对"班级"字段进行"升序"排序。

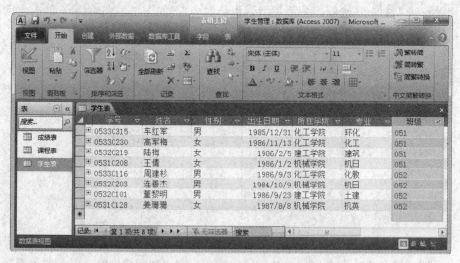

图 2-8-18　学生表按"班级"升序排序

② 显示关系表之间的主表和子表之间的数据信息。打开一个数据表，该表即为主表，单击表中记录左侧的"+"号，则可展开该主表与子表的相关信息。图 2-8-19 显示了"学生表"（主表）与"成绩表"（子表）之间的相关信息。

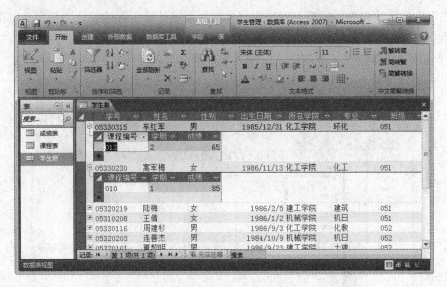

图 2-8-19　显示主表与子表的相关信息

3）建立查询对象。

查询是对数据库中的数据进行统计和分析的数据对象。例如，对数据库中的数据进行分类、筛选、添加、删除和修改。查询可以根据条件从数据表中检索数据，并将结果保存起来。查询有多种，如"单表的查询对象"和"组合查询对象"。

① 创建单表查询对象。单表查询是指查询数据来源于同一个表，使用查询设计视图创建单表查询对象。

在数据库窗口中，单击"创建"选项卡"查询"选项组中的"查询设计"按钮，将"学生表"添加到查询设计窗口中，如图 2-8-20 所示。

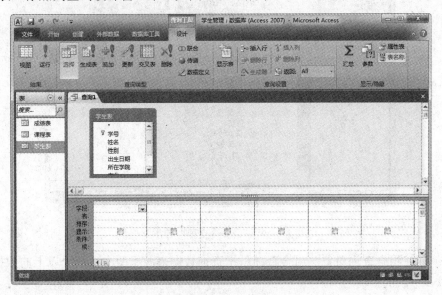

图 2-8-20　添加单表到查询设计窗口

在查询设计窗口中，为查询对象选择字段。在设计器下部的设计网格中，单击第一行的"字段"各列的单元格，在其下拉列表中选择所需的字段，如选择"学号""姓名""性别"和"出生日期"4 个字段，如图 2-8-21 所示。

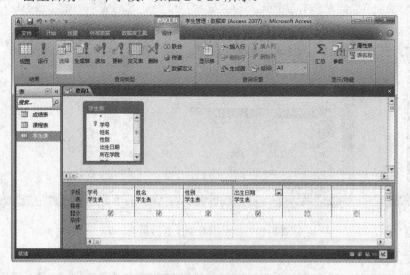

图 2-8-21 选择所需的字段

关闭窗口，提示保存查询对象的名称，输入"学生单表查询"名称后，返回数据库窗口，打开查询视图，双击"学生单表查询"名称，查看查询结果，如图 2-8-22 所示。此查询结果来自于"学生表"的部分字段。

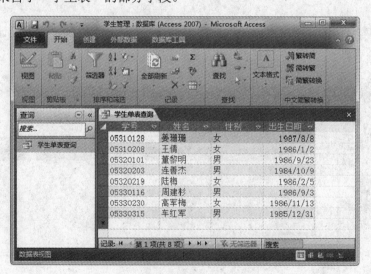

图 2-8-22 单表查询的结果

② 创建组合查询对象。组合查询是指查询数据来源于两个或两个以上的数据表。下面以 3 个表的查询为例。

在数据库窗口中，单击"创建"选项卡"查询"选项组中的"查询设计"按钮，将"学生表""成绩表"和"课程表"分别添加到查询设计窗口中，如图 2-8-23 所示。

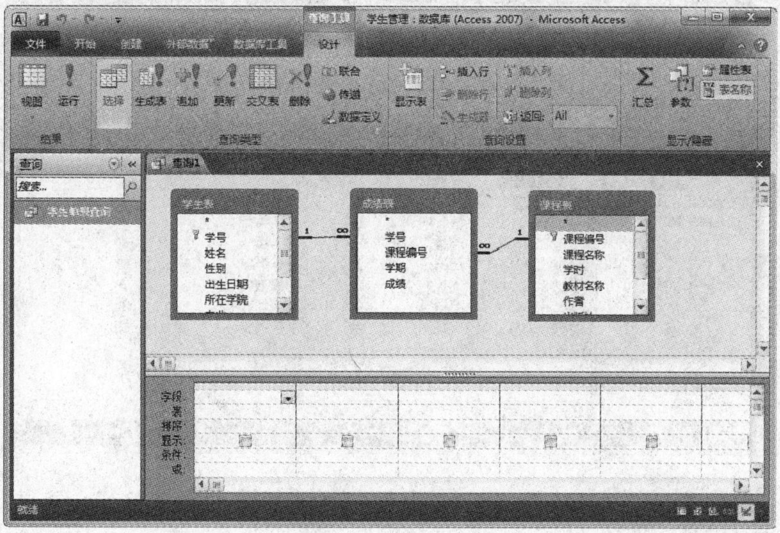

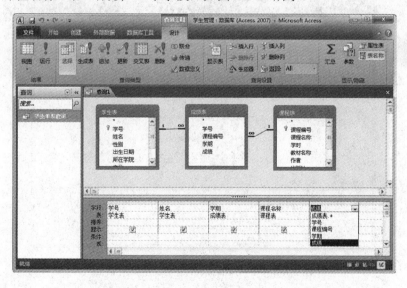

图 2-8-23　添加多表到查询设计窗口

在查询设计窗口中，为查询对象选择字段。在设计器下部的设计网格中，单击第一行的"字段"各列的单元格，在其下拉列表中选择所需的字段，如选择"学号""姓名""学期""课程名称"和"成绩"5 个字段，如图 2-8-24 所示。

图 2-8-24　选择多表字段后的查询设计窗口

关闭窗口，提示保存查询对象的名称，输入"三表组合查询"名称后，返回数据库窗口，打开查询视图，双击"三表组合查询"名称，查看查询结果，如图 2-8-25 所示。此查询结果来自于 3 个不同表的字段。

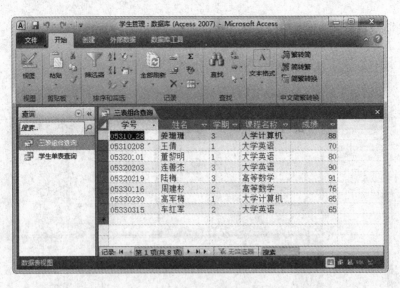

图 2-8-25　多表组合查询结果

4）将"学生表"导出为 Excel 文件，并保存到 Access 文件夹中。

① 在数据库窗口中打开"学生表"，单击"外部数据"选项卡"导出"选项组中的"Excel"按钮，在弹出的"导出-Excel 电子表格"对话框中输入导出的位置与文件名，如图 2-8-26 所示。

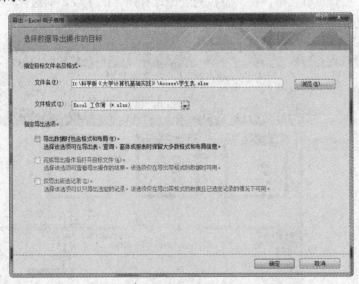

图 2-8-26　"导出-Excel 电子表格"对话框

② 单击"确定"按钮，提示导出成功信息。

3．实战练习

【练习】 建立一个数据库，其中有两个数据表，为两个表建立关联，并进行数据处理。具体要求如下。

1）建立一个名为"图书管理"的 Access 数据库，将其保存在文件夹"D:\Access"中。为该数据库建立两个数据表：第一个表为"图书信息"表，表结构见表 2-8-5，其中"库存编号"为主键，按升序排序；第二个表为"借阅信息"表，表结构见表 2-8-6，其中"借书证号"为主键。两表的记录分别见表 2-8-7 和表 2-8-8。

表 2-8-5 "图书信息"表的结构

字段名称	数据类型	字段大小
库存编号	文本	10
书名	文本	20
作者	文本	4
出版社	文本	10
在库	是/否	—
借书证号	文本	6
借书日期	日期/时间	—

表 2-8-6 "借阅信息"表的结构

字段名称	数据类型	字段大小
借书证号	文本	6
姓名	文本	4
电话号码	文本	12

表 2-8-7 "图书信息"表的记录

库存编号	书名	作者	出版社	在库	借书证号	借书日期
TP20-00001	大学计算机	王丹	机械工业出版社	是	—	—
TP21-00005	数据结构	张远清	清华大学出版社	是	—	—
TP22-00001	软件工程	高通	人民邮电出版社	否	010001	2018-3-1
TT20-00005	高等数学	刘大鹏	科学出版社	否	010001	2018-3-1
TT21-00007	线性代数	崔亮	高等教育出版社	否	010002	2018-3-18
ZS12-00236	人工智能	赵东	东北大学出版社	否	020008	2018-5-16
ZS13-00236	电子商务	秦来洁	中国铁道出版社	是	—	—
ZS14-00236	信息技术导论	郝名	辽宁出版社	否	030200	2017-12-23

表 2-8-8 "借阅信息"表的记录

借书证号	姓名	电话号码
010001	刘丁	139××××××××
010002	赵佳一	138××××××××
020008	王良	139××××××××
030200	张秋实	133××××××××

2）按"借书证号"字段为以上两个表建立关联。

3）直接操作数据表，完成以下操作。

① 单个表的数据查找。

② 查看每个借阅人的借阅信息，包括所借书名、作者和借书日期。

4）创建查询对象，完成以下操作。

① 创建一个查询对象，包含"书名""作者""出版社"和"在库"共 4 个字段。

② 创建一个查询对象，包含"书名""作者""出版社""在库""借书证号"和"姓名"共 6 个字段。

5）分别将两个数据表中的数据导出为两个 Excel 文件，保存在文件夹 D:\Access 中。

参 考 文 献

冯元椿，2011．计算机软件技术实训教程[M]．北京：机械工业出版社．

顾玲芳，2014．大学计算机基础上机实验指导与习题[M]．北京：中国铁道出版社．

何桥，梁燕，2010．办公自动化案例教程[M]．北京：中国铁道出版社．

罗朝盛，2009．Visual Basic 6.0 程序设计教程[M]．3 版．北京：人民邮电出版社．

马冲，刘德山，2011．大学计算机应用基础实验指导[M]．北京：中国铁道出版社．

马震，2009．Flash 动画制作案例教程[M]．北京：人民邮电出版社．

王津，2011．计算机应用基础：实训教程[M]．3 版．北京：中国铁道出版社．

王军委，2012．Access 数据库应用基础教程[M]．3 版．北京：清华大学出版社．

辛宇，王崇秀，2012．Windows 7 操作系统完全学习手册[M]．北京：科学出版社．

杨盛泉，刘萍萍，2011．大学计算机基础实验指导[M]．3 版．北京：中国铁道出版社．